핵심만
쏙 담은

해군
부사관

필기평가

해군부사관
필기평가

초판 발행   2022년 01월 07일
개정판 발행   2023년 01월 13일

편 저 자 ┃ 부사관시험연구소
발 행 처 ┃ (주)서원각
등록번호 ┃ 1999-1A-107호
주   소 ┃ 경기도 고양시 일산서구 덕산로 88-45(가좌동)
교재주문 ┃ 031-923-2051
팩   스 ┃ 031-923-3815
교재문의 ┃ 카카오톡 플러스친구 [서원각]
홈페이지 ┃ www.goseowon.co.kr

부사관은 기존 하사, 중사, 상사, 원사의 4계급 체계에서 인력 비율의 효율성과 업무의 전문성을 더욱 갖추게 되었다. 군의 중추 역할을 하는 부사관은 스스로 명예심을 추구하여 빛남으로 자긍심을 갖게 되고, 사회적인 인간으로서 지켜야 할 도리를 지각하면서 행동할 수 있어야 하며, 개인보다는 상대를 배려할 줄 아는 공동체 의식을 견지하며 매사 올바른 사고와 판단으로 건설적인 제안을 함으로써 내가 속한 부대와 군에 기여하는 전문성을 겸비한 인재들이다. 또한 부사관은 국가공무원으로서 안정된 직장, 군 경력과 목돈 마련, 자기발전의 기회 제공, 전문분야에서의 근무가능, 그 밖의 다양한 혜택 등으로 해마다 그 경쟁은 치열해지고 있으며 수험생들에게는 선발전형에 대한 철저한 분석과 꾸준한 자기관리가 요구되고 있다.

이에 본서는 현재 시행되고 있는 시험유형과 출제기준을 분석하여 다음과 같은 구성으로 출간하였다. 우선적으로 간부선발 필기평가 예시문항을 수록함으로써 시험 준비에 있어 출제방향을 파악하고 효율적으로 시험을 준비할 수 있도록 하였으며, 간부선발도구 실전문제풀이에서는 언어논리, 자료해석, 공간능력, 지각속도로 구성되는 지적능력평가를 수록하여 각 영역별로 어떠한 문제들이 출제되고 있는지를 한 눈에 파악할 수 있도록 하였다. 또한 간부선발도구에 포함되는 상황판단검사와 직무성격검사를 실전과 같이 풀어볼 수 있도록 하였다. 마지막으로 간부선발도구 실전문제에 대한 상세한 해설을 실었으며 수험생 여러분들이 필기평가 준비를 위한 최종 마무리가 될 수 있도록 구성하였다.

"진정한 노력은 결코 배반하지 않는다." 본서가 수험생 여러분의 목표를 이루는 데 든든한 동반자가 되기를 바란다.

Structure

01 간부선발도구예시문

각 영역별 예시 문제를 수록하여 쉽게 유형 파악이 가능하도록 하였습니다.

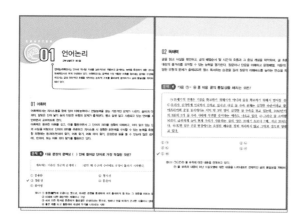

02 핵심이론정리

시험에 필요한 주요 과목의 핵심이론을 빠른 시간 내에 정리할 수 있도록 구성하였습니다.

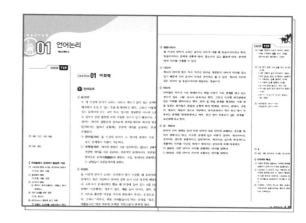

03 간부선발도구 실전문제

간부선발도구의 각 영역별 출제 가능성이 높은 실전문제를 풀어봄으로써 실전감각을 익힐 수 있도록 구성하였습니다.

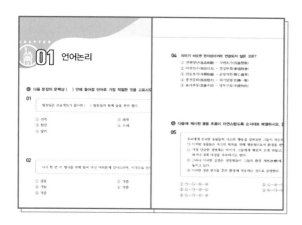

04 상세한 해설

문제마다 상세한 해설을 달아 문제풀이만으로도 학습이 가능하도록 하였습니다. 문제풀이와 함께 이론정리를 함으로써 완벽하게 학습할 수 있습니다.

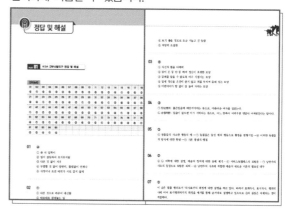

Contents

해군 부사관후보생

✔ 모집개요

① 복무기간 : 임관 후 4년[남/여 동일]

② 지원자격

　㉠ 사상이 건전하고 품행이 단정하며, 체력이 강건한 자

　㉡ 연령 : 임관일 기준 만 18 ~ 27세의 대한민국 남/여

　　※ 제대군인 및 사회복무요원은 「제대군인지원에 관한 법률 시행령 제19조」에 따라 지원 상한연령 연장

구분		대상
군 복무 미필자		만 18 ~ 27세
제대군인	1년 미만	만 18 ~ 28세
	1년 이상 ~ 2년 미만	만 18 ~ 29세
	2년 이상	만 18 ~ 30세

　　※ 인터넷 '만 나이 계산기' 검색하여 기준일(임관일), 출생일 입력하여 확인 가능

　㉢ 학력 : 고등학교 졸업 또는 동등 이상의 학력 소지자

　　※ 중학교 졸업자 중 지원계열 관련 「국가기술자격법」에 의한 자격증 소지자 지원 가능

　㉣ 신체 : 해군 건강관리규정 의거 최종 종합 판정결과 3급 이상

　㉤ 현역병 : 입영일 기준 5개월 이상 복무 중인 일병 ~ 병장으로 소속 부대장의 추천을 받은 자(개인 신상관리등급이 양호한 자)

　　※ 해군/해병대 : 영관급 이상 부대장

　　※ 육/공군 : 해당 군 참모총장

　　※ 전환복무 및 대체복무자 : 복무기관의 장

　㉥ 현역간부 : 입영일 기준 전역 후 입영이 가능한 자, 소속 부대장의 추천을 받은 자(개인 신상관리등급이 양호한 자)

✔ 평가항목 및 배점

구분	계	필기시험	면접	실기	가산점	신체/인성검사, 신원조사
일반전형	170	130	40	-	총점의 20%	합 · 불
특전 계열	270	130	40	100	총점의 20%	합 · 불

✔ 지원절차

① 인터넷 '해군모집' 홈페이지 접속 – www.navy.mil.kr

② 해군부사관 계열소개 등 참고(홈페이지 우측 상단 해군모집 → 부사관 안내)

③ 인터넷 지원서 작성 클릭

> 홈페이지 우측 상단 [해군모집] → [지원하기] → 지원서 작성 → 부사관후보생(남/여) → 해군 부사관후보생 ○○○기 → 개인정보제공 동의 후 지원내용 입력

④ 지원사항 입력

   ㉠ 접수지구 선택(서울/인천/평택/동해/대전/대구/광주/부산/진해/제주)

   ㉡ 지원계열 선택(지원자격 충족 시 2지망 지원계열 제한없음)

     • 2지망을 희망하지 않을 경우 "미희망" 선택

     • 1 · 2지망에서 불합격 될 경우에도 다른 계열 선발 희망 시 "임의분류동의" 선택(특전포함)

   ㉢ 개인신상(성명, 주민번호, 연락처, E-mail, 신체조건 등) 입력

     • 사진 업로드 시 유의사항

     –사진등록은 jpg 파일(50kb 이하)의 컬러사진만 가능

     –권장 사이즈는 3cm×4cm 또는 124*163 pixel

     –최근 6개월 이내 촬영한 반명함(탈모, 무배경) 사진만 가능

     –배경이 있는 사진이나 스냅사진은 사용 불가

   ㉣ 과거 필기시험 활용 동의자는 과거점수 반영기수 및 점수 선택

   ㉤ 병역사항, 가족사항, 학력사항, 자격증 등 입력

   ※ 학력사항 입력 시 학교명이 검색되지 않을 경우 수기입력 가능

⑤ 지원서 제출 후 접수지역 모병관 접수 확인 대기(최대 3일 소요 / 휴무일 제외)

   ㉠ 접수반려 시 사유 확인 후 재접수

   ㉡ 접수기간 중 접수처리 완료 여부 반드시 수시로 확인(수험번호 부여 여부)

   ※ 지원서 접수 / 진행 / 반려 및 과거필기점수 반영 여부 관련 문의는 접수지역 모병센터 확인

⑥ 접수완료 시 지원서 출력(지원자 지원서류 묶음은 1차합격 후 제출)

✔ 세부 평가기준

① 1차 전형 - 필기시험

㉠ 과목 : KIDA 간부선발도구, 국사(한국사능력검정시험 인증서)

평가 항목	계	KIDA 간부선발도구							국사 (인증서)
		소계	언어 논리	자료 해석	지각 속도	공간 능력	상황 판단	직무 성격	
배점	130	100	35	35	10	10	10	면접참고	30

㉡ 과락 기준 : 언어논리, 자료해석 과목 중 1개 과목 이상 성적이 30% 미만인 자는 불합격 처리

㉢ 국사과목 「한국사능력검정시험 인증서」로 대체

- 해군 부사관후보생 1차 전형(필기시험) 내 국사과목 삭제, 「한국사능력검정시험 인증서」 제출
- 제출대상 : 지원자 총원(특별전형 제외)
  ※ 특별전형 중복지원자도 인증서 제출 여부에 따라 1차 전형 국사점수 반영
- 제출 : 우편 또는 직접제출
- 인증서 유효기간 : 지원서 접수기간 기준 3년 이내
  ※ 일반 서류와 별개로 지원접수 마감 전 선(先) 제출 필요, 제출 시 인증서 내 수험번호 기입
  ※ 과거시험활용 미동의자의 경우, 전(前)기수의 한국사 점수는 반영되지 않으니, 한국사 인증서 추가 제출
- 한국사능력검정시험 급수별 배점(국사 30점 만점 기준)

구분	점수반영 비율	배점	비고
1 ~ 3급	100%	30점	심화과정
4급	90%	27점	
5급	85%	25.5점	기본과정
6급	80%	24점	
미제출	0%	0점	지원가능

※ 「한국사능력검정시험 인증서」 미제출자도 지원서 접수 가능하나, 1차전형(필기시험) 시 국사점수 '0점' 반영

※ 한국사 급수별(1 ~ 3급) 가산점 항목 삭제

※ 과거시험 활용동의자는 과거 필기시험 시 획득한 국사점수를 활용 가능하며, 본인 희망 시 한국사능력검정시험 인증서 제출 후 해당점수 갱신 가능

② 서류전형(특별전형 지원자)

㉠ 특별전형 지원자는 필기시험을 면제하고, 서류전형 실시

※ 유공신체장애 병사 특별전형 지원자는 서류심사를 통해 지원자격 확인

ⓛ 평가요소 및 배점

평가요소	계	고등학교 성적	자격증	경력
배점	120	20	최대 50	50

• 고등학교 성적(백분위 기준)

구분(백분위)	100 ~ 81	80 ~ 61	60 ~ 41	40 ~ 21	20 ~ 0
점수	20	15	10	5	0

• 자격증

구분	기사	산업기사	기능사	해기사		
				3급	4급	5급
점수	20	10	5	20	10	5

※ 지원 군사특기와 관련된 자격증 점수 합산

• 근무경력

구분	3년 이상	3 ~ 2년	2 ~ 1년	1년 미만	무경력
점수	50	40	30	20	10

• 가산점 : 어학 관련 가산점(일반지원자 기준과 동일)

③ 2차 전형(신체검사, 인성검사, 면접 등)

ⓐ 신체검사

• 세부 선발기준은 해군 건강관리규정 제3장 신체검사 참고

• 합격기준 : 종합판정 결과 1 ~ 3급

※ 유공신체장애 병사 특별전형 지원자는 지원가능 신체기준 충족여부 확인

ⓛ 인성검사 : 신체검사 대기장소에서 시행하며, 전 지역 재검대상자는 서울지역에 집결하여 시행

ⓒ 면접 / 실기평가 : 면접판별 평가를 종합한 결과 1개 분야 이상 "가"로 평가되었거나, 평균 "미" 미만인 자는 불합격 처리

※ 신원조사 결과는 최종선발 시 참고자료로 활용

✔ **기타 행정 / 유의사항**

① 선발기준

ⓐ 1차 선발 : 모집계획 인원의 2 ~ 5배수 내외 선발

ⓛ 2차 선발 : 1차 선발자 중 불합격자 제외 선발

ⓒ 최종선발

• 1 / 2차 평가 결과를 종합하여 계열 / 성별별 종합성적 서열 순으로 선발
  단, 실기시험 실시 계열은 실기시험 성적 우선 선발 가능

• 종합 성적이 동점일 경우 다음과 같이 우선순위를 적용하여 선발

※ 취업지원대상자(국가 / 독립유공자) – 필기시험 – 면접평가 순

② 합격자 발표 : 인터넷 해군 홈페이지에서 개인 확인

③ 선발취소

　㉠ 군 인사법 제10조 제2항에 해당하는 자(결격사유)

　　• 대한민국의 국적을 가지지 아니한 사람 및 대한민국 국적과 외국국적을 함께 가지고 있는 사람

　　• 피성년후견인 및 피한정후견인

　　• 파산선고를 받은 사람으로서 복권되지 아니한 사람

　　• 금고 이상의 형을 선고받고 그 집행이 종료되거나, 집행을 받지 아니하기로 확정된 후 5년이 지나지 아니한 사람

　　• 금고 이상의 형의 집행유예를 선고받고, 그 유예기간 중에 있거나 그 유예기간이 종료된 날로부터 2년이 지나지 아니한 사람

　　• 자격정지 이상의 형의 선고유예를 받고 그 유예기간 중에 있는 사람

　　• 공무원 재직기간 중 직무와 관련히여 횡령, 배임의 죄를 범한 사람으로 300만 원 이상의 벌금형을 선고받고 그 형이 확정된 후 2년이 지나지 아 l한 시람

　　• 성폭력범죄로 100만 원 이상의 벌금형을 선고받고 그 형이 확정된 후 3년이 지나지 아니한 사람(성폭력범죄의 처벌 등에 관한 특례법)

　　• 성폭력범죄, 아동 · 청소년대상 성범죄를 저질러 파면 · 해임되거나 형 또는 치료감호를 선고받아 그 형 또는 치료감호가 확정된 사람(아동 · 청소년의 성보호에 관한 법률, 성폭력범죄의 처벌 등에 관한 특례법)

　　• 탄핵이나 징계에 의하여 파면되거나 해임처분을 받은 날부터 5년이 지나지 아니한 사람

　　• 법률의 판결 또는 법률에 따라 자격이 정지되거나 상실된 사람

　㉡ 지원 서류에 거짓된 정보가 있거나, 제출하지 않은 사람

　㉢ 최종선발 전 · 후 음주운전, 상습도박, 성범죄 등 사회적 물의를 일으킨 행위가 식별된 경우

④ 지원 시 유의사항

　㉠ 인터넷으로 작성된 내용은 선발평가 자료로 사용되므로 지원서 작성 시 모든 기재사항을 정확히 기재하여야 하며, 주소 및 연락처 변경 시 즉시 접수지역 모병센터로 전화하여 변경사항을 알려야 함

　　※ 허위기재, 착오, 누락, 오기 및 연락불가 등으로 발생되는 모든 불이익은 본인에게 책임이 있음

　㉡ 지원 서류가 허위로 판명되거나 지원서의 기재내용과 제출된 서류의 내용이 상이한 경우 또는 기본 제출서류가 미비한 경우 지원 자격을 부여하지 않으며 선발된 이후에도 결격사유 또는 허위서류로 판단될 시 합격 / 입영 / 임관이 취소됨

　㉢ 모든 지원 서류는 빠른 등기우편으로 제출하며, 기간 내 미제출 된 경우에는 서류 전형평가 대상에서 제외됨

　㉣ 본 계획에 명시된 제출서류 이외에도 지원 자격과 관련하여 사실 확인에 필요한 관련서류를 추가 제출 요구할 수 있음

　㉤ 현역병(타군, 의경, 사회복무요원 등 포함) 지원자의 경우 지휘관 추천서를 제출하는 "지휘관 추천자"이므로 최종 선발전까지 발생한 특이사항(징계, 신상특이사항 등)에 대해 해본(인재획득과) 통보의 책임이 있으며, 제출한 내용은 선발심의자료로 활용

⑤ 행정사항

　㉠ 문의사항은 인터넷 해군홈페이지 "해군모집"창에 탑재된 [질의응답] – [부사관], [FAQ] 게시판을 적극 활용하기 바람

　㉡ 시험 응시자는 신분증[주민등록증(분실자 : 주민등록증 발급 신청 증명서), 여권, 운전면허증, 청소년증], 수험표, 필기구(컴퓨터용 수성펜)를 지참하여 지정된 각 평가 장소에 도착하여 등록

　　※ 신분증 미지참자와 지연 도착자는 시험에 응시 불가

　㉢ 개인신상정보 변경 시 즉각 지원서를 제출한 모병센터로 연락

　　• 개명, 주민등록번호 / 주소 / 연락처 등 개인 신상정보사항 변경 시

　　• 법률적인 사항, 신체적인 결함사항 발생 시

　　※ 개인신상정보 변동관련 사항을 통보하지 않아 발생하는 모든 불이익은 본인에게 책임이 있음

✔ 부정행위 및 실격사례

① 부정행위(군인사법 시행령 제9조의2 ①항)

　㉠ 다른 수험생의 답안지를 보거나 본인의 답안지를 보여주는 행위

　㉡ 대리 시험을 의뢰하거나 대리로 시험에 응시하는 행위

　㉢ 통신기기, 그 밖의 신호 등을 이용하여 해당 시험 내용에 관하여 다른 사람과 의사소통을 하는 행위

　㉣ 부정한 자료를 가지고 있거나 이용하는 행위

　㉤ 시험문제 전체 또는 일부를 기록, 녹음 등을 통해 유출하는 행위

　㉥ 그 밖에 부정한 수단으로 본인 또는 다른 사람의 시험결과에 영향을 미치는 행위

　　※ 상기항목에 해당하는 행위를 한 사람에 대해서는 시험을 정지하고 처분이 있은 날부터 5년간 임용시험의 응시자격을 정지한다.

② 실격사례(군인사법 시행령 제9조의2 ②항)

　㉠ 시험 시작 전에 시험문제를 열람하는 행위

　㉡ 해당과목 시험시간에 다른 과목 시험을 치는 행위

　㉢ 시험 시작 전 또는 종료 후에 답안을 작성하는 행위

　㉣ 허용되지 아니한 통신기기 또는 전자계산기기를 가지고 있거나 소음을 유발하여 다른 지원자에게 방해를 주는 행위

　㉤ 교실감독관의 지시에 불응하는 경우

　㉥ 다른지원자와 시험 중 물품(필기구 포함)을 교환하는 행위

　　※ 상기 항목에 해당하는 행위를 한 사람에 대해서는 시험을 정지하고, 실격처리 한다.

01

간부선발 필기평가 예시문항

언어논리, 자료해석, 공간능력, 지각속도, 상황판단검사, 직무성격검사

해군 간부선발 시 적용하고 있는 필기평가 중 지원자들이 생소하게 생각하고 있는 간부
선발 필기평가의 예시문항이며, 문항수와 제항시간은 다음과 같습니다.

구분	언어논리	자료해석	공간능력	지각속도	상황판단검사	직무성격검사
문항 수	25문항	20문항	18문항	30문항	15문항	180문항
시간	20분	25분	10분	3분	20분	30분

※ 본 자료는 참고 목적으로 제공되는 예시 문항으로서 각 하위검사별 난이도, 세부 유형 및 문항 수는 차후
변경될 수 있습니다.

언어논리

간부선발도구 예시문

> **언어논리력**검사는 언어로 제시된 자료를 논리적으로 추론하고 분석하는 능력을 측정하기 위한 검사로 어휘력검사와 독해력검사로 크게 구성되어 있다. 어휘력검사는 문맥에 가장 적합한 어휘를 찾아내는 문제로 구성되어 있으며, 독해력검사는 글의 전반적인 흐름을 파악하는 논리적 구조를 올바르게 분석하거나 글의 통일성을 파악하는 문제로 구성되어 있다.

01 어휘력

어휘력에서는 의사소통을 함에 있어 이해능력이나 전달능력을 묻는 기본적인 문제가 나온다. 술어의 다양한 의미, 단어의 의미, 알맞은 단어 넣기 등의 다양한 유형의 문제가 출제된다. 평소 잘못 알고 사용되고 있는 언어를 사전을 활용하여 확인하면서 공부하도록 한다.

어휘력은 풍부한 어휘를 갖고, 이를 활용하면서 그 단어의 의미를 정확히 이해하고, 이미 알고 있는 단어와 문장 내에서의 쓰임을 바탕으로 단어의 의미를 추론하고 의사소통 시 정확한 표현력을 구사할 수 있는 능력을 측정한다. 일반적인 문항 유형에는 동의어/반의어 찾기, 어휘 찾기, 어휘 의미 찾기, 문장완성 등을 들 수 있는데 많은 검사들이 동의어(유의어), 반의어, 또는 어휘 의미 찾기를 활용하고 있다.

문제 1 다음 문장의 문맥상 (　) 안에 들어갈 단어로 가장 적절한 것은?

> 계속되는 이순신 장군의 공세에 (　　　)같던 왜 수군의 수비에도 구멍이 뚫리기 시작했다.

① 등용문　　　　　　　　　　　② 청사진
✔ ③ 철옹성　　　　　　　　　　　④ 풍운아
⑤ 불야성

해설 ① 용문(龍門)에 오른다는 뜻으로, 어려운 관문을 통과하여 크게 출세하게 됨 또는 그 관문을 이르는 말
② 미래에 대한 희망적인 계획이나 구상
③ 쇠로 만든 독처럼 튼튼하게 둘러쌓은 산성이라는 뜻으로, 방비나 단결 따위가 견고한 사물이나 상태를 이르는 말
④ 좋은 때를 타고 활동하여 세상에 두각을 나타내는 사람
⑤ 등불 따위가 휘황하게 켜 있어 밤에도 대낮같이 밝은 곳을 이르는 말

02 독해력

글을 읽고 사실을 확인하고, 글의 배열순서 및 시간의 흐름과 그 중심 개념을 파악하며, 글 흐름의 방향을 알 수 있으며 대강의 줄거리를 요약할 수 있는 능력을 평가한다. 장문이나 단문을 이해하고 문장배열, 지문의 주제, 오류 찾기 등의 다양한 유형의 문제가 출제되므로 평소 독서하는 습관을 길러 장문의 이해속도를 높이는 연습을 하도록 하여야 한다.

문제 1 다음 ㉠~㉤ 중 다음 글의 통일성을 해치는 것은?

㉠21세기의 전쟁은 기름을 확보하기 위해서가 아니라 물을 확보하기 위해서 벌어질 것이라는 예측이 있다. ㉡우리가 심각하게 인식하지 못하고 있지만 사실 물 부족 문제는 심각한 수준이라고 할 수 있다. ㉢실제로 아프리카와 중동 등지에서는 이미 약 3억 명이 심각한 물 부족을 겪고 있는데, 2050년이 되면 전 세계 인구의 3분의 2가 물 부족 사태에 직면할 것이라는 예측도 나오고 있다. ㉣그러나 물 소비량은 생활수준이 향상되면서 급격하게 늘어 현재 우리가 사용하는 물의 양은 20세기 초보다 7배, 지난 20년간에는 2배가 증가했다. ㉤또한 일부 건설 현장에서는 오염된 폐수를 정화 처리하지 않고 그대로 강으로 방류하는 잘못을 저지르고 있다.

① ㉠

② ㉡

③ ㉢

④ ㉣

✔ ⑤ ㉤

> **해설** ㉠㉡㉢㉣ 물 부족에 대한 내용을 전개하고 있다.
> ㉤ 물 부족의 내용이 아닌 수질오염에 대한 내용을 나타내므로 전체적인 글의 통일성을 저해하고 있다.

02 자료해석

간부선발도구 예시문

자료해석검사는 주어진 통계표, 도표, 그래프 등을 이용하여 문제를 해결하는데 필요한 정보를 파악하고 분석하는 능력을 알아보기 위한 검사이다. 자료해석 문항에서는 기초적인 계산 능력보다 수치자료로부터 정확한 의사결정을 내리거나 추론하는 능력을 측정하고자 한다. 도표, 그래프 등 실생활에서 접할 수 있는 수치자료를 제시하여 필요한 정보를 선별적으로 판단 · 분석하고, 대략적인 수치를 빠르고 정확하게 계산하는 유형이 대부분이다.

문제 1 다음과 같은 규칙으로 자연수를 1부터 차례대로 나열할 때, 8이 몇 번째에 처음 나오는가?

> 1, 2, 2, 3, 3, 3, 4, 4, 4, 4, · · ·

① 18

② 21

✔ ③ 29

④ 35

> **해설** 자연수가 1부터 해당 수만큼 반복되어 나열되고 있으므로 8이 처음으로 나오는 것은 7이 7번 반복된 후이다. 따라서 1 + 2 + 3 + 4 + 5 + 6 + 7 = 28이고 29번째부터 8이 처음으로 나온다.

문제 2 다음은 국가별 수출액 지수를 나타낸 그림이다. 2014년에 비하여 2020년의 수입량이 가장 크게 증가한 국가는?

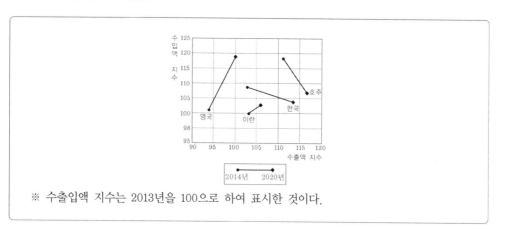

✔ ① 영국

② 이란

③ 한국

④ 호주

※ 수출입액 지수는 2013년을 100으로 하여 표시한 것이다.

> **해설** 수입량이 증가한 나라는 영국과 이란 뿐이며, 한국과 호주는 감소하였다.
> 영국과 이란 중 가파른 상승세를 나타내는 것이 크게 증가한 것을 나타내므로 영국의 수입량이 가장 크게 증가한 것으로 볼 수 있다.

공간능력

간부선발도구 예시문

공간능력검사는 입체도형의 전개도를 고르는 문제, 전개도를 입체도형으로 만드는 문제, 제시된 그림처럼 블록을 쌓을 경우 그 블록의 개수 구하는 문제, 제시된 블록들을 화살표 표시한 방향에서 바라봤을 때의 모양으로 고르는 문제 등 4가지 유형으로 구분할 수 있다. 물론 유형의 변경은 사정에 의해 발생할 수 있음을 숙지하여 여러 가지 공간능력에 관한 문제를 접해보는 것이 좋다.

[유형 ① 문제 푸는 요령]

유형 ①은 주어진 입체도형을 전개하여 전개도로 만들 때 그 전개도에 해당하는 것을 찾는 형태로 주어진 조건에 의해 기호 및 문자는 회전에 반영하지 않으며, 그림만 회전의 효과를 반영한다는 것을 숙지하여 정확한 전개도를 고르는 문제이다. 그러 므로 그림의 모양은 입체도형의 상, 하, 좌, 우에 따라 변할 수 있음을 알아야 하며, 기호 및 문자는 항상 우리가 보는 모양 으로 회전되지 않는다는 것을 알아야 한다.

제시된 입체도형은 정육면체이므로 정육면체를 만들 수 있는 전개도의 모양과 보는 위치에 따라 돌아갈 수 있는 그림을 빠른 시간에 파악해야 한다. 문제보다 보기를 먼저 살펴보는 것이 유리하다.

문제 1 다음 입체도형의 전개도로 알맞은 것은?

- 입체도형을 전개하여 전개도를 만들 때, 전개도에 표시된 그림(예 : ▌, ◪ 등)은 회전의 효과를 반영함. 즉, 본 문제의 풀이과정에서 보기의 전개도 상에 표시된 "▌"와 "◪"은 서로 다른 것으로 취급함.
- 단, 기호 및 문자(예 : ☎, ♨, ♨, K, H)의 회전에 의한 효과는 본 문제의 풀이과정에 반영하지 않음. 즉, 입체도형을 펼쳐 전개도를 만들었을 때에 "⊡"의 방향으로 나타나는 기호 및 문자도 보기에서는 "⊡"방향으 로 표시하며 동일한 것으로 취급함.

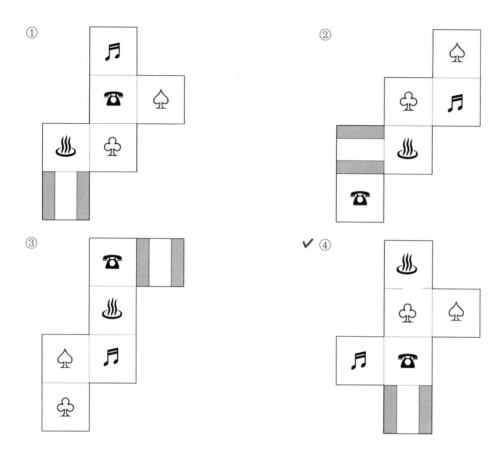

✔④

🔲 모양의 윗면과 오른쪽 면에 위치하는 기호를 찾으면 쉽게 문제를 풀 수 있다.
기호나 문자는 회전을 적용하지 않으므로 4번이 답이 된다.

유형 ②는 평면도형인 전개도를 접어 나오는 입체도형을 고르는 문제이다. 유형 ①과 마찬가지로 기호나 문자는 회전을 적용하지 않는다고 조건을 제시하였으므로 그림의 모양만 신경을 쓰면 된다.

보기에 제시된 입체도형의 윗면과 옆면을 잘 살펴보면 답의 실마리를 찾을 수 있다. 그림의 위치에 따라 윗면과 옆면에 나타나는 문자가 달라지므로 유의하여야 한다. 그림을 중심으로 어느 면에 어떤 문자가 오는지를 파악하는 것이 중요하다.

문제 2 다음 전개도로 만든 입체도형에 해당하는 것은?

- 전개도를 접을 때 전개도 상의 그림, 기호, 문자가 입체도형의 겉면에 표시되는 방향으로 접음
- 전개도를 접어 입체도형을 만들 때, 전개도에 표시된 그림(예 : ▮▎, ◢ 등)은 회전의 효과를 반영함. 즉, 본 문제의 풀이과정에서 보기의 전개도 상에 표시된 "▮▎"와 "▭"은 서로 다른 것으로 취급함.
- 단, 기호 및 문자(예 : ☎, ♨, ♨, K, H)의 회전에 의한 효과는 본 문제의 풀이과정에 반영하지 않음. 즉, 전개도를 접어 입체도형을 만들었을 때에 "☏"의 방향으로 나타나는 기호 및 문자도 보기에서는 "☎" 방향으로 표시하며 동일한 것으로 취급함.

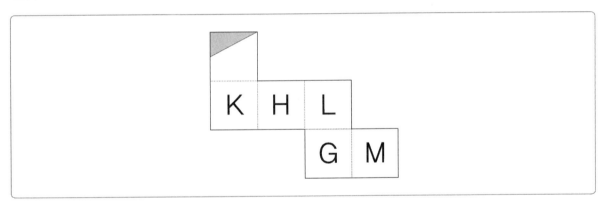

① 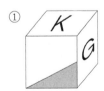 ✔ ② 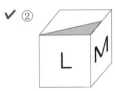 ③ 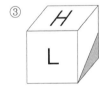 ④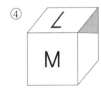

✔해설 그림의 색칠된 삼각형 모양의 위치를 먼저 살펴보면
① G의 위치에 M이 와야 한다.
③ L의 위치에 H, H의 위치에 K가 와야 한다.
④ 그림의 모양이 좌우 반전이 되어야 한다.

[유형 ③ 문제 푸는 요령]

유형 ③은 쌓아 놓은 블록을 보고 여기에 사용된 블록의 개수를 구하는 문제이다. 블록은 모두 크기가 동일한 정육면체라고 조건을 제시하였으므로 블록의 모양은 신경을 쓸 필요가 없다.

블록의 위치가 뒤쪽에 위치한 것인지 앞쪽에 위치한 것 인지에서부터 시작하여 몇 단으로 쌓아 올려져 있는지를 빠르게 파악해야 한다. 가장 아랫면에 존재하는 개수를 파악하고 한 단씩 위로 올라가면서 개수를 파악해도 되며, 앞에서부터 보이는 블록의 수부터 개수를 세어도 무방하다. 그러나 겹치거나 뒤에 살짝 보이는 부분까지 신경 써야 함은 잊지 말아야 한다. 단 1개의 블록으로 문제의 승패가 좌우된다.

문제 ③ 아래에 제시된 그림과 같이 쌓기 위해 필요한 블록의 수는?
(단, 블록은 모양과 크기는 모두 동일한 정육면체이다)

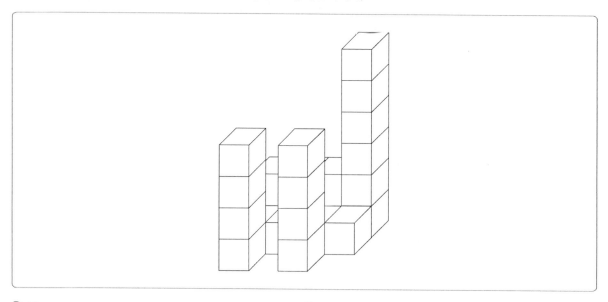

① 18   ② 20

③ 22   ✔ ④ 24

해설 그림을 쉽게 생각하면 블록이 4개씩 붙어 있다고 보면 쉽다. 앞에 2개, 뒤에 눕혀서 3개, 맨 오른쪽 눕혀진 블록들 위에 1개 4개씩 쌓아진 블록이 6개 존재하므로 24개가 된다.
시간이 많다면 하나하나 세어도 좋다.

유형 ④는 제시된 그림에 있는 블록들을 오른쪽, 왼쪽, 위쪽 등으로 돌렸을 때의 모양을 찾는 문제이다.

모두 동일한 정육면체이며, 원근에 의해 블록이 작아 보이는 효과는 고려하지 않는다는 조건이 제시되어 있으므로 블록이 위치한 지점을 정확하게 파악하는 것이 중요하다.

실수로 중간에 있는 블록의 모양을 놓치는 경우가 있으므로 쉽게 모눈종이 위에 놓여 있다고 생각하며 문제를 풀면 쉽게 해결할 수 있다.

문제 4 아래에 제시된 블록들을 화살표 표시한 방향에서 바라봤을 때의 모양으로 알맞은 것은?

- 블록은 모양과 크기는 모두 동일한 정육면체임
- 바라보는 시선의 방향은 블록의 면과 수직을 이루며 원근에 의해 블록이 작게 보이는 효과는 고려하지 않음

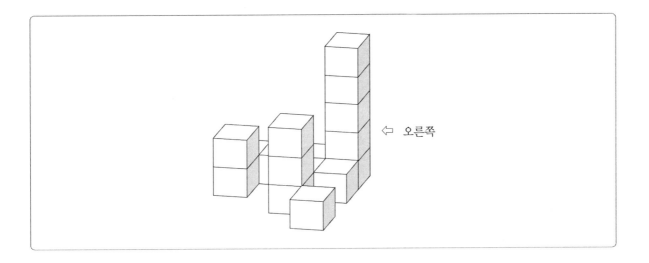

⇐ 오른쪽

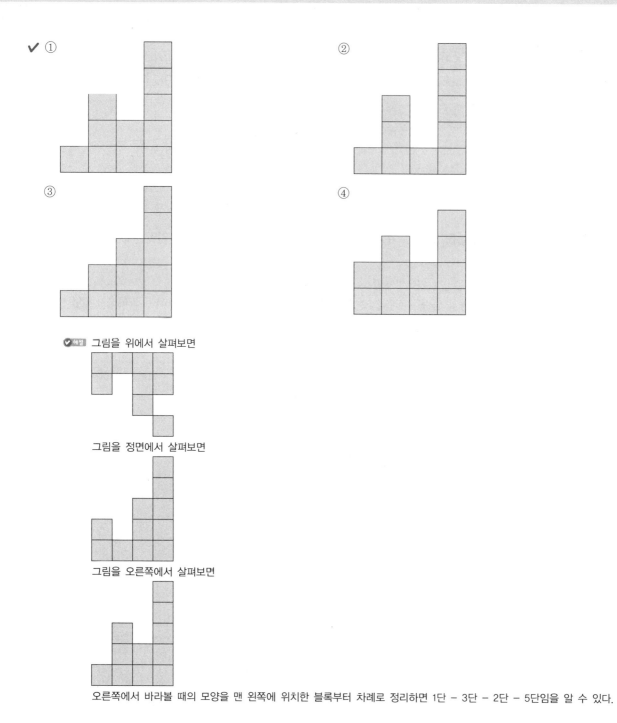

✔ ①

②

③

④

🔵해설 그림을 위에서 살펴보면

그림을 정면에서 살펴보면

그림을 오른쪽에서 살펴보면

오른쪽에서 바라볼 때의 모양을 맨 왼쪽에 위치한 블록부터 차례로 정리하면 1단 − 3단 − 2단 − 5단임을 알 수 있다.

지각속도

간부선발도구 예시문

지각속도검사는 암호해석능력을 묻는 유형으로 눈으로 직접 읽고 문제를 해결하는 능력을 측정하기 위한 검사로 빠른 속도와 정확성을 요구하는 문제가 출제된다. 시간을 정해 최대한 빠른 시간 안에 문제를 정확하게 풀 수 있는 연습이 필요하며 간혹 시간이 촉박하여 찍는 경우가 있는데 오답시에는 감점처리가 적용된다.

지각속도검사는 지각 속도를 측정하기 위한 검사로 틀릴 경우 감점으로 채점하고, 풀지 않은 문제는 0점으로 채점이 된다. 총 30문제로 구성이 되며 제한시간은 3분이므로 많은 연습을 통해 빠르게 푸는 요령을 습득하여야 한다.

본 검사는 지각 속도를 측정하기 위한 검사입니다.

제시된 문제를 잘 읽고 아래의 예제와 같은 방식으로 가능한 한 빠르고 정확하게 답해 주시기 바랍니다.

[유형 ①] 대응하기

아래의 문제 유형은 일련의 문자, 숫자, 기호의 짝을 제시한 후 특정한 문자에 해당되는 코드를 빠르게 선택하는 문제입니다.

문제 1 아래 〈보기〉의 왼쪽과 오른쪽 기호의 대응을 참고하여 각 문제의 대응이 같으면 답안지에 '① 맞음'을, 틀리면 '② 틀림'을 선택하시오.

────────── 〈보기〉 ──────────

a = 강	b = 응	c = 산	d = 전
e = 남	f = 도	g = 길	h = 아

강 응 산 전 남 − a b c d e

✔ ① 맞음 ② 틀림

해설 〈보기〉의 내용을 보면 강 = a, 응 = b, 산 = c, 전 = d, 남 = e이므로 a b c d e이므로 맞다.

아래의 문세 유형은 제시된 문자군, 문장, 숫자 중 특정한 문자 혹은 숫자의 개수를 빠르게 세어 표시하는 문제입니다.

문제 2 다음의 〈보기〉에서 각 문제의 왼쪽에 표시된 굵은 글씨체의 기호, 문자, 숫자의 갯수를 모두 세어 오른쪽 개수에서 찾으시오.

─────── 〈보기〉 ───────

3　　　　　783020642068204872038730796205040673 21

① 2개　　　　　　　　　　　　　　✔ ② 4개
③ 6개　　　　　　　　　　　　　　② 4개
　　　　　　　　　　　　　　　　　④ 8개

예설 | 나열된 수에 3이 몇 번 들어 있는가를 빠르게 확인하여야 한다.
78**3**0206420682048720**3**8**7**3079620504067**3**21 → 4개

─────── 〈보기〉 ───────

ㄴ　　　　　　나의 살던 고향은 꽃피는 산골

① 2개　　　　　　　　　　　　　　② 4개
✔ ③ 6개　　　　　　　　　　　　　　④ 8개

예설 나열된 문장에 ㄴ이 몇 번 들어갔는지 확인하여야 한다.
나의 살**던** 고향**은** 꽃피**는** **산**골 → 6개

상황판단검사 05

간부선발도구 예시문

초급 간부 선발용 상황판단검사는 군 상황에서 실제 취할 수 있는 대응행동에 대한 지원자의 태도/가치에 대한 적합도 진단을 하는 검사이다. 군에서 일어날 수 있는 다양한 가상 상황을 제시하고, 지원자로 하여금 선택지 중에서 가장 할 것 같은 행동과 가장 하지 않을 것 같은 행동을 선택하게 하여, 지원자의 행동이 조직(군)에서 요구되는 행동과 일치하는지 여부를 판단한다. 상황판단검사는 인적성 검사가 반영하지 못하는 해당 조직만의 직무상황을 반영할 수 있으며, 인지요인/성격요인/과거 일을 했던 경험을 모두 간접 측정할 수 있고, 군에서 추구하는 가치와 역

01 예시문제

당신은 소대장이며, 당신의 소대에는 음주와 관련한 문제가 있다. 특히 한 병사는 음주운전으로 인하여 민간인을 사망케 한 사고로 인해 아직도 감옥에 있고, 몰래 술을 마시고 소대원들끼리 서로 주먹다툼을 벌인 사고도 있었다. 당신은 이 문제에 대해 지대한 관심을 가지고 있으며, 병사들에게 문제의 심각성을 알리고 부대에 영향을 주기 위한 무엇인가를 하려고 한다. 이 상황에서 당신은 어떻게 할 것인가?

위 상황에서 당신은 어떻게 행동 하시겠습니까?

① 음주조사를 위해 수시로 건강 및 내무검사를 실시한다.

② 알코올 관련 전문가를 초청하여 알코올 중독 및 남용의 위험에 대한 강연을 듣는다.

③ 병사들에 대하여 엄격하게 대우한다. 사소한 것이라도 위반을 하면 가장 엄중한 징계를 할 것이라고 한다.

④ 전체 부대원에게 음주 운전 사망사건으로 인하여 감옥에 가 있는 병사에 대한 사례를 구체적으로 설명해준다.

M. 가장 취할 것 같은 행동　　　　　(①)

L. 가장 취하지 않을 것 같은 행동　　(③)

02 답안지 표시방법

자신을 가장 잘 나타내고 있는 보기의 번호를 'M(Most)'에 표시하고, 자신과 가장 먼 보기의 번호를 'L(Least)'에 각각 표시한다.

상황판단검사						
1	M	●	②	③	④	⑤
	L	①	②	●	④	⑤

03 주의사항

상황판단검사는 객관적인 정답이 존재하지 않으며, 대신 검사 개발당시 주제 전문가들의 의견과 후보생들을 대상으로 한 충분한 예비검사 시행 및 분석과정을 거쳐 경험적인 답이 만들어진다. 때문에 따로 공부를 한다고 해서 성적이 오르는 분야가 아니다. 문제집을 통해 유형만 익힐 수 있도록 하는 것이 좋다.

06 직무성격검사

간부선발도구 예시문

초급 간부 선발용 직무성격검사는 총 180문항으로 이루어져 있으며, 검사시간은 30분이다. 초급 간부에게 요구되는 역량과 관련된 성격 요인들을 측정할 수 있도록 개발되었다. 가끔 지원자를 당황하게 하는 문제들도 있으므로 당황하지 말고 솔직하게 대답하는 것이 좋다. 너무 의식하면서 답을 하게 되면 일관성이 떨어질 수 있기 때문이다.

01 주의사항

- 응답을 히실 때는 자신이 앞으로 되기 바라는 모습이나 바람직하다고 생각하는 모습을 응답하지 마시고, 평소에 자신이 생각하는 바를 최대한 솔직하게 응답하는 것이 좋습니다.
- 총 180문항을 30분 내에 응답해야 합니다. 한 문항을 지나치게 깊게 생각하지 마시고, 머릿속에 떠오르는 대로 "OMR답안지''에 바로바로 응답하시기 바랍니다.
- 본 검사는 귀하의 의견이나 행동을 나타내는 문항으로 구성되어 있습니다. 각각의 문항을 읽고 그 문항이 자기 자신을 얼마나 잘 나타내고 있는지를, 제시한 〈응답 척도〉와 같이 응답지에 답해 주시기 바랍니다.

02 응답척도

'1' = 전혀 그렇지 않다	●	②	③	④	⑤
'2' = 그렇지 않다	①	●	③	④	⑤
'3' = 보통이다	①	②	●	④	⑤
'4' = 그렇다	①	②	③	●	⑤
'5' = 매우 그렇다	①	②	③	④	●

03 예시문제

다음 상황을 읽고 제시된 질문에 답하시오.

① 전혀 그렇지 않다   ② 그렇지 않다   ③ 보통이다   ④ 그렇다   ⑤ 매우 그렇다

1. 조직(학교나 부대) 생활에서 여러 가지 다양한 일을 해보고 싶다.   ① ② ③ ④ ⑤

2. 아무것도 아닌 일에 지나치게 걱정하는 때가 있다.   ① ② ③ ④ ⑤

3. 조직(학교나 부대) 생활에서 작은 일에도 걱정을 많이 하는 편이다.   ① ② ③ ④ ⑤

4. 여행을 가기 전에 미리 세세한 일정을 준비한다.   ① ② ③ ④ ⑤

5. 조직(학교나 부대) 생활에서 매사에 마음이 여유롭고 느긋한 편이다.   ① ② ③ ④ ⑤

6. 친구들과 자주 다툼을 한다.   ① ② ③ ④ ⑤

7. 시간 약속을 어기는 경우가 종종 있다.   ① ② ③ ④ ⑤

8. 자신이 맡은 일은 책임지고 끝내야 하는 성격이다.   ① ② ③ ④ ⑤

9. 부모님의 말씀에 항상 순종한다.   ① ② ③ ④ ⑤

10. 외향적인 성격이다.   ① ② ③ ④ ⑤

02

핵심이론정리

01 언어논리

핵심이론정리

CHECK TIP

section 01 어휘력

1 언어유추

① **동의어**

두 개 이상의 단어가 소리는 다르나 의미가 같아 모든 문맥에서 서로 대치되어 쓰일 수 있는 것을 동의어라고 한다. 그러나 이렇게 쓰일 수 있는 동의어의 수는 극히 적다. 말이란 개념뿐만 아니라 느낌까지 싣고 있어서 문장 환경에 따라 미묘한 차이가 있기 때문이다. 따라서 동의어는 의미와 결합성의 일치로써 완전동의어와 의미의 범위가 서로 일치하지는 않으나 공통되는 부분의 의미를 공유하는 부분동의어로 구별된다.

ⓐ **예** 사람: 인간, 사망: 죽음

ⓑ **예** 이유: 원인

ⓖ **완전동의어**: 둘 이상의 단어가 그 의미의 범위가 서로 일치하여 모든 문맥에서 치환이 가능하다.

ⓛ **부분동의어**: 의미의 범위가 서로 일치하지는 않으나 공통되는 어느 부분만 의미를 서로 공유하는 부분적인 동의어이다. 부분동의어는 일반적으로 유의어(類義語)라 불린다. 사실, 동의어로 분류되는 거의 모든 낱말들이 부분동의어에 속한다.

⟨ 우리말에서 유의어가 발달한 이유

ⓖ 고유어와 함께 쓰이는 한자어와 외래어

　　예 머리, 헤어, 모발

ⓛ 높임법이 발달

　　예 존함, 이름, 성명

ⓒ 감각어가 발달

　　예 푸르다, 푸르스름하다, 파랗다, 푸르죽죽하다.

ⓔ 국어 순화를 위한 정책

　　예 쪽, 페이지

ⓜ 금기(taboo) 때문에 생긴 어휘

　　예 동물의 성관계를 설명하면서 '짝짓기'라는 말을 만들어 쓰는 것

② **유의어**

둘 이상의 단어가 소리는 다르면서 뜻이 비슷할 때 유의어라고 한다. 유의어는 뜻은 비슷하나 단어의 성격 등이 다른 경우에 해당하는 것이다. A와 B가 유의어라고 했을 때 문장에 들어 있는 A를 B로 바꾸면 문맥이 이상해지는 경우가 있다. 예를 들어 어머니, 엄마, 모친(母親)은 자손을 출산한 여성을 자식의 관점에서 부르는 호칭으로 유의어이다. 그러나 "어머니, 학교 다녀왔습니다."라는 문장을 "모친, 학교 다녀왔습니다."라고 바꾸면 문맥상 자연스럽지 못하게 된다.

③ 동음이의어

둘 이상의 단어가 소리는 같으나 의미가 다를 때 동음이의어라고 한다. 동음이의어는 문맥과 상황에 따라, 말소리의 길고 짧음에 따라, 한자에 따라 의미를 구별할 수 있다.

④ 다의어

하나의 단어에 뜻이 여러 가지인 단어로 대부분의 단어가 다의를 갖고 있기 때문에 의미 분석이 어려운 것이라고 볼 수 있다. 하나의 의미만 갖는 단의어 및 동음이의어와 대립되는 개념이다.

⑤ 반의어

단어들의 의미가 서로 반대되거나 짝을 이루어 서로 관계를 맺고 있는 경우가 있다. 이를 '반의어 관계'라고 한다. 그리고 이러한 반의관계에 있는 어휘를 반의어라고 한다. 반의 및 대립 관계를 형성하는 어휘 쌍을 일컫는 용어들은 관점과 유형에 따라 '반대말, 반의어, 반대어, 상대어, 대조어, 대립어' 등으로 다양하다. 반의관계에서 특히 중간 항이 허용되는 관계를 '반대관계'라고 하며, 중간 항이 허용되지 않는 관계를 '모순관계'라고 한다.

⑥ 상 · 하의어

단어의 의미 관계로 보아 어떤 단어가 다른 단어에 포함되는 경우를 '하의어 관계'라고 하고, 이러한 관계에 있는 어휘가 상의어 · 하의어이다. 상의어로 갈수록 포괄적이고 일반적이며, 하의어로 갈수록 한정적이고 개별적인 의미를 지닌다. 따라서 하의어는 상의어에 비해 자세하다.

㉠ 상의어 : 다른 단어의 의미를 포함하는 단어를 말한다.
㉡ 하의어 : 다른 단어의 의미에 포함되는 단어를 말한다.

CHECK TIP

예
• 밥을 먹었더니 배가 부르다. (복부)
• 과일 가게에서 배를 샀다. (과일)
• 항구에 배가 들어왔다. (선박)

예
• 밥 먹기 전에 가서 손을 씻고 오너라. (신체)
• 너무 바빠서 손이 모자란다. (일손)
• 우리 언니는 손이 큰 편이야. (씀씀이)
• 그 사람과는 손을 끊어라. (교제)
• 그 사람의 손을 빌렸어. (도움)
• 넌 나의 손에 놀아난 거야. (꾀)
• 저 사람 손에 집이 넘어가게 생겼다. (소유)
• 반드시 내 손으로 해내고 말겠다. (힘, 역량)

예
• 반대관계 : 크다 ↔ 작다
• 모순관계 : 남자 ↔ 여자

예 꽃

예 장미, 국화, 맨드라미, 수선화, 개나리 등

◖ 다의어의 특성

㉠ 기존의 한정된 낱말로는 부족한 표현을 보충하고 만족시키기 위해 발생하였다.
㉡ 다의어는 그 단어가 지닌 기본적인 뜻 이외에 문맥에 따라 그 의미가 확장되어 다른 뜻으로 쓰이므로, 다의어의 뜻은 문맥을 잘 살펴보아야 파악할 수 있다.
㉢ 다의어는 사전의 하나의 항목 속에서 다루어지며, 동음이의어는 별도의 항목으로 다루어진다.

❷ 어휘 및 어구의 의미

① 순우리말

㉠ ㄱ

- 가납사니 : 쓸데없는 말을 잘하는 사람. 말다툼을 잘하는 사람
- 가년스럽다 : 몹시 궁상스러워 보이다.
- 가늠 : 목표나 기준에 맞고 안 맞음을 헤아리는 기준. 일이 되어 가는 형편
- 가래다 : 맞서서 옳고 그름을 따지다.
- 가래톳 : 허벅다리의 임파선이 부어 아프게 된 멍울
- 가리사니 : 사물을 판단할 수 있는 지각이나 실마리
- 가말다 : 일을 잘 헤아려 처리하다.
- 가멸다 : 재산이 많고 살림이 넉넉하다.
- 가무리다 : 몰래 훔쳐서 혼자 차지하다. 남이 보지 못하게 숨기다.
- 가분하다 · 가붓하다 : 들기에 알맞다. (센)가뿐하다.
- 가살 : 간사하고 얄미운 태도
- 가시다 : 변하여 없어지다.
- 가장이 : 나뭇가지의 몸
- 가재기 : 튼튼하지 못하게 만든 물건
- 가직하다 : 거리가 조금 가깝다.
- 가탈 : 억지 트집을 잡아 까다롭게 구는 일
- 각다분하다 : 일을 해 나가기가 몹시 힘들고 고되다.
- 고갱이 : 사물의 핵심
- 곰살궂다 : 성질이 부드럽고 다정하다.
- 곰비임비 : 물건이 거듭 쌓이거나 일이 겹치는 모양
- 구쁘다 : 먹고 싶어 입맛이 당기다.
- 국으로 : 제 생긴 그대로. 잠자코
- 굼닐다 : 몸을 구부렸다 일으켰다 하다.

㉡ ㄴ

- 난든집 : 손에 익은 재주
- 남우세 : 남에게서 비웃음이나 조롱을 받게 됨
- 너나들이 : 서로 너니 나니 하고 부르며 터놓고 지내는 사이
- 노적가리 : 한데에 쌓아 둔 곡식 더미
- 느껍다 : 어떤 느낌이 마음에 북받쳐서 벅차다.
- 능갈 : 얄밉도록 몹시 능청을 떪

ⓒ ㄷ

- 다락같다 : 물건 값이 매우 비싸다. 덩치가 매우 크다.
- 달구치다 : 꼼짝 못하게 마구 몰아치다.
- 답치기 : 되는 대로 함부로 덤벼드는 짓. 생각 없이 덮어놓고 하는 짓
- 대거리 : 서로 번갈아 일함
- 더기 : 고원의 평평한 곳
- 덤터기 : 남에게 넘겨씌우거나 남에게서 넘겨 맡은 걱정거리
- 뒤스르다 : (일어나 물건을 가다듬느라고)이리저리 바꾸거나 변통하다.
- 드레지다 : 사람의 됨됨이가 가볍지 않고 점잖아서 무게가 있다.
- 들마 : (가게나 상점의)문을 닫을 무렵
- 뜨막하다 : 사람들의 왕래나 소식 따위가 자주 있지 않다.
- 뜨악하다 : 마음에 선뜻 내키지 않다.

ⓔ ㅁ

- 마뜩하다 : 제법 마음에 들다.
- 마수걸이 : 맨 처음으로 물건을 파는 일. 또는 거기서 얻은 소득
- 모르쇠 : 덮어놓고 모른다고 잡아떼는 일
- 몽태치다 : 남의 물건을 슬그머니 훔치다.
- 무녀리 : 태로 낳은 짐승의 맨 먼저 나온 새끼. 언행이 좀 모자란 사람
- 무람없다 : (어른에게나 친한 사이에)스스럼없고 버릇이 없다. 예의가 없다.
- 뭉근하다 : 불이 느긋이 타거나, 불기운이 세지 않다.
- 미립 : 경험을 통하여 얻은 묘한 이치나 요령

ⓜ ㅂ

- 바이 : 아주 전혀. 도무지
- 바장이다 : 부질없이 짧은 거리를 오락가락 거닐다.
- 바투 : 두 물체의 사이가 썩 가깝게. 시간이 매우 짧게
- 반지랍다 : 기름기나 물기 따위가 묻어서 윤이 나고 매끄럽다.
- 반지빠르다 : 교만스러워 얄밉다.
- 벼리다 : 날이 무딘 연장을 불에 달구어서 두드려 날카롭게 만들다.
- 변죽 : 그릇·세간 등의 가장자리
- 보깨다 : 먹은 것이 잘 삭지 아니하여 뱃속이 거북하고 괴롭다.
- 뿌다구니 : 물건의 삐죽하게 내민 부분

ⓑ ㅅ

- 사금파리 : 사기그릇의 깨진 작은 조각
- 사위다 : 불이 다 타서 재가 되다.
- 설명하다 : 옷이 몸에 짧아 어울리지 않다.
- 설면하다 : 자주 만나지 못하여 좀 설다. 정답지 아니하다.
- 섬서하다 : 지내는 사이가 서먹서먹하다.
- 성마르다 : 성질이 급하고 도량이 좁다.
- 시망스럽다 : 몹시 짓궂은 데가 있다.
- 쌩이질 : 한창 바쁠 때 쓸데없는 일로 남을 귀찮게 구는 것

ⓢ ㅇ

- 아귀차다 : 뜻이 굳고 하는 일이 야무지다.
- 알심 : 은근히 동정하는 마음. 보기보다 야무진 힘
- 암상 : 남을 미워하고 샘을 잘 내는 심술
- 암팡지다 : 몸은 작아도 힘차고 다부지다.
- 애면글면 : 약한 힘으로 무엇을 이루느라고 온갖 힘을 다하는 모양
- 애오라지 : 좀 부족하나마 겨우, 오로지
- 엄장 : 풍채가 좋은 큰 덩치
- 여투다 : 물건이나 돈 따위를 아껴 쓰고 나머지를 모아 두다.
- 울력 : 여러 사람이 힘을 합하여 일을 함, 또는 그 힘
- 음전하다 : 말이나 행동이 곱고 우아하다 또는 얌전하고 점잖다.
- 의뭉하다 : 겉으로 보기에는 어리석어 보이나 속으로는 엉큼하다.
- 이지다 : 짐승이 살쪄서 지름지다. 음식을 충분히 먹어서 배가 부르다.

ⓞ ㅈ

- 자깝스럽다 : 어린아이가 마치 어른처럼 행동하거나, 젊은 사람이 지나치게 늙은이의 흉내를 내어 깜찍한 데가 있다.
- 잔풍하다 : 바람이 잔잔하다.
- 재다 : 동작이 굼뜨지 아니하다.
- 재우치다 : 빨리 하도록 재촉하다.
- 적바르다 : 모자라지 않을 정도로 겨우 어떤 수준에 미치다.
- 조리차하다 : 물건을 알뜰하게 아껴서 쓰다.
- 주니 : 몹시 지루하여 느끼는 싫증
- 지청구 : 아랫사람의 잘못을 꾸짖는 말 또는 까닭 없이 남을 탓하고 원망함
- 짜장 : 과연. 정말로

ⓩ ㅊ

- 차반 : 맛있게 잘 차린 음식. 예물로 가져가는 맛있는 음식

ⓒ ㅌ
- 트레바리 : 까닭 없이 남에게 반대하기를 좋아하는 성미

ⓚ ㅍ
- 파임내다 : 일치된 의논에 대해 나중에 딴소리를 하여 그르치다.
- 푼푼하다 : 모자람이 없이 넉넉하다.

ⓔ ㅎ
- 하냥다짐 : 일이 잘 안 되는 경우에는 목을 베는 형벌이라도 받겠다는 다짐
- 하리다 : 마음껏 사치를 하다. 매우 아둔하다.
- 한둔 : 한데에서 밤을 지냄, 노숙(露宿)
- 함초롬하다 : 젖거나 서려 있는 모양이나 상태가 가지런하고 차분하다.
- 함함하다 : 털이 부드럽고 윤기가 있다.
- 헤갈 : 쌓이거나 모인 물건이 흩어져 어지러운 상태
- 호드기 : 물오른 버들가지나 짤막한 밀짚 토막으로 만든 피리
- 호젓하다 : 무서운 느낌이 날 만큼 쓸쓸하다.
- 홰 : 새장·닭장 속에 새나 닭이 앉도록 가로지른 나무 막대
- 휘휘하다 : 너무 쓸쓸하여 무서운 느낌이 있다.
- 희떱다 : 실속은 없어도 마음이 넓고 손이 크다. 말이나 행동이 분에 넘치며 버릇이 없다.

② 생활 어휘

ⓐ 단위를 나타내는 말
- 길이

뼘	엄지손가락과 다른 손가락을 완전히 펴서 벌렸을 때에 두 끝 사이의 거리
발	한 발은 두 팔을 양옆으로 펴서 벌렸을 때 한쪽 손끝에서 다른 쪽 손끝까지의 길이
길	한 길은 여덟 자 또는 열 자로 약 2.4미터 또는 3미터에 해당함. 또는 사람의 키 정도의 길이
치	길이의 단위. 한 치는 한 자의 10분의 1 또는 약 3.33cm에 해당함
자	길이의 단위. 한 자는 한 치의 열 배로 약 30.3cm에 해당함
리	거리의 단위. 1리는 약 0.393km에 해당함
마장	거리의 단위. 오 리나 십 리가 못 되는 거리를 이름

• 넓이

평	땅 넓이의 단위. 한 평은 여섯 자 제곱으로 3.3058m²에 해당함
홉지기	땅 넓이의 단위. 한 홉은 1평의 10분의 1
되지기	넓이의 단위. 한 되지기는 볍씨 한 되의 모 또는 씨앗을 심을 만한 넓이로 한 마지기의 10분의 1
마지기	논과 밭의 넓이를 나타내는 단위. 한 마지기는 볍씨 한 말의 모 또는 씨앗을 심을 만한 넓이로, 지방마다 다르나 논은 약 150평 ~ 300평, 밭은 약 100평 정도임
섬지기	논과 밭의 넓이를 나타내는 단위. 한 섬지기는 볍씨 한 섬의 모 또는 씨앗을 심을 만한 넓이로, 한 마지기의 10배이며, 논은 약 2,000평, 밭은 약 1,000평 정도임
간	가옥의 넓이를 나타내는 말. '간'은 네 개의 도리로 둘러싸인 면적의 넓이로, 대략 6자×6자 정도의 넓이임

• 부피

술	한 술은 숟가락 하나 만큼의 양
홉	곡식의 부피를 재기 위한 기구들이 만들어지고, 그 기구들의 이름이 그대로 부피를 재는 단위가 됨. '홉'은 그 중 가장 작은 단위(180㎖)이며 곡식 외에 가루, 액체 따위의 부피를 잴 때도 쓰임(10홉=1되, 10되=1말, 10말=1섬)
되	곡식이나 액체 따위의 분량을 헤아리는 단위. '말'의 10분의 1, '홉'의 10배임이며, 약 1.8ℓ에 해당함
섬	곡식·가루·액체 따위의 부피를 잴 때 씀. 한 섬은 한 말의 열 배로 약 180ℓ에 해당함

• 무게

돈	귀금속이나 한약재 따위의 무게를 잴 때 쓰는 단위. 한 돈은 한 냥의 10분의 1, 한 푼의 열 배로 3.75g에 해당함
냥	귀금속이나 한약재 따위의 무게를 잴 때 쓰는 단위. 한 냥은 귀금속의 무게를 잴 때는 한 돈의 열 배이고, 한약재의 무게를 잴 때는 한 근의 16분의 1로 37.5g에 해당함
근	고기나 한약재의 무게를 잴 때는 600g에 해당하고, 과일이나 채소 따위의 무게를 잴 때는 한 관의 10분의 1로 375g에 해당함
관	한 관은 한 근의 열 배로 3.75kg에 해당함

CHECK TIP

• 낱개

개비	가늘고 짤막하게 쪼개진 도막을 세는 단위
그루	식물, 특히 나무를 세는 단위
닢	가마니, 돗자리, 멍석 등을 세는 단위
땀	바느질할 때 바늘을 한 번 뜬, 그 눈
마리	짐승이나 물고기, 벌레 따위를 세는 단위
모	두부나 묵 따위를 세는 단위
올(오리)	실이나 줄 따위의 가닥을 세는 단위
자루	필기 도구나 연장, 무기 따위를 세는 단위
채	집이나 큰 가구, 기물, 가마, 상여, 이불 등을 세는 단위
코	그물이나 뜨개질한 물건에서 지어진 하나하나의 매듭
타래	사리어 뭉쳐 놓은 실이나 노끈 따위의 뭉치를 세는 단위
톨	밤이나 곡식의 낟알을 세는 단위
통	배추나 박 따위를 세는 단위
포기	뿌리를 단위로 하는 초목을 세는 단위

• 수량

갓	굴비, 고사리 따위를 묶어 세는 단위. 고사리 따위 10모숨을 한 줄로 엮은 것
꾸러미	달걀 10개
동	붓 10자루
두름	조기 따위의 물고기를 짚으로 한 줄에 10마리씩 두 줄로 엮은 것을 세는 단위. 고사리 따위의 산나물을 10모숨 정도로 엮은 것을 세는 단위
벌	옷이나 그릇 따위가 짝을 이루거나 여러 가지가 모여서 갖추어진 한 덩이를 세는 단위
손	한 손에 잡을 만한 분량을 세는 단위. 조기, 고등어, 배추 따위 한 손은 큰 것과 작은 것을 합한 것을 이르고, 미나리나 파 따위 한 손은 한 줌 분량을 말함
쌈	바늘 24개를 한 묶음으로 하여 세는 단위

예 굴비 한 갓＝10마리

예 조기 한 두름＝20마리

예 수저 한 벌

예 고등어 한 손＝2마리

01. 언어논리 **37**

<table>
<tr><td>◉ 배추 한 접=100통, 마늘 한 접=100</td><td>접</td><td>채소나 과일 따위를 묶어 세는 단위. 한 접은 채소나 과일 100개</td></tr>
</table>

접	채소나 과일 따위를 묶어 세는 단위. 한 접은 채소나 과일 100개
제(劑)	탕약 20첩. 또는 그만한 분량으로 지은 환약
죽	옷이나 그릇 따위의 열 벌을 묶어 세는 단위
축	오징어를 묶어 세는 단위
켤레	신, 양말, 버선, 방망이 따위의 짝이 되는 2개를 한 벌로 세는 단위
쾌	북어 20마리
톳	김을 묶어 세는 단위
담불	벼 100섬을 세는 단위
거리	가지, 오이 등이 50개. 반 접

ⓛ 어림수를 나타내는 수사, 수관형사

한두	하나나 둘쯤
두세	둘이나 셋
두셋	둘 또는 셋
두서너	둘, 혹은 서너
두서넛	둘 혹은 서넛
두어서너	두서너
서너	셋이나 넷쯤
서넛	셋이나 넷
서너너덧	서넛이나 너덧. 셋이나 넷 또는 넷이나 다섯
너덧	넷 가량
네댓	넷이나 다섯 가량
네다섯	넷이나 다섯
대엿	대여섯. 다섯이나 여섯 가량
예닐곱	여섯이나 일곱
일여덟	일고여덟

CHECK TIP 예시 (좌측)

◉ 배추 한 접=100통, 마늘 한 접=100통, 생강·오이 한 접=100개, 곶감 한 접=100개

◉ 버선 한 죽=10켤레

◉ 오징어 한 축=20마리

◉ 김 한 톳=100장

◉ 어려움이 한두 가지가 아니다.

◉ 두세 마리

◉ 사람 두셋

◉ 과일 두서너 개

◉ 과일을 두서넛 먹었다.

◉ 쌀 서너 되

◉ 사람 서넛

◉ 서너너덧 명

◉ 너덧 개

◉ 예닐곱 사람이 왔다.

◉ 과일 일여덟 개

ⓒ 나이에 관한 말

나이	어휘	나이	어휘
10대	沖年(충년)	15세	志學(지학)
20세	弱冠(약관)	30세	而立(이립)
40세	不惑(불혹)	50세	知天命(지천명)
60세	耳順(이순)	61세	還甲(환갑), 華甲(화갑), 回甲(회갑)
62세	進甲(진갑)	70세	古稀(고희)
77세	喜壽(희수)	80세	傘壽(산수)
88세	米壽(미수)	90세	卒壽(졸수)
99세	白壽(백수)	100세	期願之壽(기원지수)

ⓓ 가족의 호칭

구분	본인		타인	
	생존 시	사후	생존 시	사후
父 (아버지)	家親(가친) 嚴親(엄친) 父主(부주)	先親(선친) 先考(선고) 先父君(선부군)	春府丈(춘부장) 椿丈(춘장) 椿當(춘당)	先大人(선대인) 先考丈(선고장) 先人(선인)
母 (어머니)	慈親(자친) 母生(모생) 家慈(가자)	先妣(선비) 先慈(선자)	慈堂(자당) 大夫人(대부인) 萱堂(훤당) 母堂(모당) 北堂(북당)	先大夫人(선대부인) 先大夫(선대부)
子 (아들)	家兒(가아) 豚兒(돈아) 家豚(가돈) 迷豚(미돈)		令郞(영랑) 令息(영식) 令胤(영윤)	
女 (딸)	女兒(여아) 女息(여식) 息鄙(식비)		令愛(영애) 令嬌(영교) 令孃(영양)	

③ 의미의 사용

  ⊙ **중의적 표현** : 어느 한 단어나 문장이 두 가지 이상의 의미로 해석될 수 있는 표현을 말한다.

    • 어휘적 중의성 : 어느 한 단어의 의미가 중의적이어서 그 해석이 모호한 것을 말한다.

    • 구조적 중의성 : 한 문장이 두 가지 이상의 의미로 해석될 수 있는 것을 말한다.

    • 비유적 중의성 : 비유적 표현이 두 가지 이상의 의미로 해석되는 것을 말한다.

  ⊙ **관용적 표현** : 두 개 이상의 단어가 그 단어들의 의미만으로는 전체의 의미를 알 수 없는, 특수한 하나의 의미로 굳어져서 쓰이는 경우를 말한다.

    • 숙어 : 하나의 의미를 나타내는 굳어진 단어의 결합이나 문장을 말한다.

    • 속담 : 사람들의 오랜 생활 체험에서 얻어진 생각과 교훈을 간결하게 나타낸 구나 문장을 말한다.

④ 의미의 변화

  ⊙ **의미의 확장** : 어떤 사물이나 관념을 가리키는 단어의 의미 영역이 넓어짐으로써, 그 단어의 의미가 변화하는 것을 말한다.

  ⊙ **의미의 축소** : 어떤 대상이나 관념을 나타내는 단어의 의미 영역이 좁아짐으로써, 그 단어의 의미가 변화하는 것을 말한다.

  ⊙ **의미의 이동** : 어떤 대상이나 관념을 나타내는 단어의 의미 영역이 확대되거나 축소되는 일이 없이, 그 단어의 의미가 변화하는 것을 말한다.

⑤ 의미의 변화 원인

  ⊙ 언어적 원인 : 언어적 원인에 의한 의미변화는 음운적, 형태적, 문법적인 원인에 의한 의미 변화로, 여러 문맥에서 한 단어가 다른 단어와 항상 함께 쓰임으로 인해 한 쪽의 의미가 다른 쪽으로 옮겨가는 것이다.

    • 전염 : '결코', '전혀' 등은 긍정과 부정에 모두 쓰였지만, 부정의 서술어인 '~아니다', '~없다' 등과 자주 호응하여 점차 부정의 의미로 전염되어 사용되었다.

    • 생략 : 단어나 문법적 구성의 일부가 줄어들고 그 부분의 의미가 잔여 부분에 감염되는 현상으로 '콧물> 코', '머리털> 머리', '아침밥> 아침' 등이 그 예이다.

CHECK TIP

예 저 배를 보십시오. → 복부 / 선박 / 배나무의 열매

예 나는 철수와 명수를 만났다.
→ 나는 철수와 함께 명수를 만났다.
→ 나는 철수와 명수를 둘 다 만났다.

예 김 선생님은 호랑이다.
→ 김 선생님은 무섭다.(호랑이처럼)
→ 김 선생님은 호랑이의 역할을 맡았다.(연극에서)

예 신혼살림에 깨가 쏟아진다 : 행복하거나 만족하다.
예 백지장도 맞들면 낫다 : 아무리 쉬운 일이라도 혼자 하는 것보다 서로 힘을 합쳐서 하면 더 쉽다.

예 겨레
뜻 - 종친(宗親)
확장 - 동포 민족
예 계집
뜻 - 여성을 가리키는 일반적인 말
축소 - 여성의 낮춤말로만 쓰임
예 주책
뜻 - 일정한 생각
이동 - 일정한 생각이나 줏대가 없이 되는 대로 하는 행동

예 신발(짚신 > 고무신 > 운동화, 구두)
  차(수레 > 자동차)
예 병(炳)(악령이 침입하여 일어나는 현상
  > 병균에 의해 일어나는 현상)
  해가 뜬다(천동설 > 지동설)
예 교도소(감옥소 > 형무소 > 교도소)
  효도(절대적인 윤리 > 최소한의 도리)

ⓛ 역사적 원인

- 지시물의 실제적 변화
- 지시물에 대한 지식의 변화
- 지시물에 대한 감정적 태도의 변화

ⓒ 사회적 원인 : 사회적 원인에 의한 의미 변화는 사회를 구성하는 제 요소가 바뀜에 따라 관련 어휘가 변화하는 현상이다.

- 의미의 일반화 : 특수집단의 말이 일반적인 용법으로 차용될 때 그 의미가 확대되어 일반 언어로 바뀌기도 한다.
- 의미의 특수화 : 한 단어가 일상어에서 특수 집단의 용어로 바뀔 때, 극히 한정된 의미만을 남기게 되는 것이다.

ⓔ 심리적 원인 : 심리적 원인에 의한 의미 변화는 화자의 심리상태나 정신구조의 영속적인 특성에 의해 의미 변화가 일어나는 것으로, 대표적인 예로 금기에 관한 것들을 들 수 있다.

section 02 언어추리 및 독해력

❶ 문장 구성

① 주장하는 글의 구성

ⓐ 2단 구성 : 서론 - 본론, 본론 - 결론
ⓑ 3단 구성 : 서론 - 본론 - 결론
ⓒ 4단 구성 : 기 - 승 - 전 - 결
ⓓ 5단 구성 : 도입 - 문제제기 - 주제제시 - 주제전개 - 결론

② 설명하는 글의 구성

ⓐ 단락 : 하나 이상의 문장이 모여서 통일된 한 가지 생각의 덩어리를 이루는 단위가 단락이다. 이를 위해서 하나의 주제문과 이를 뒷받침하는 하나 이상의 뒷받침문장이 필요하다. 주제문에는 반드시 뒷받침 받아야 할 부분이 포함되어 있으며 뒷받침문장은 주제문에 대한 설명 또는 이유가 된다.

ⓑ 구성 원리

- 통일성 : 단락은 '생각의 한 단위'라는 속성을 가지고 있듯이 구성 원리 중에서 통일성은 단락 안에 두 가지 이상의 생각이 있는 경우를 말한다.

- 일관성 : 중심문장의 애매한 부분을 설명하거나 이유를 제시할 때에는 중심문장의 범주를 벗어나면 안 된다.
- 완결성 : 단락은 중심문장과 뒷받침문장이 모두 있을 때만 그 구성이 완결된다.

③ 부사어와 서술어에 유의

   ⊙ **설사, 설령, 비록** : 어떤 내용을 가정으로 내세운다.

   ⓛ **모름지기** : 뒤에 의무를 나타내는 말이 온다.

   ⓒ **결코** : 뒤에 항상 부정의 말이 온다.

   ⓔ **차라리** : 앞의 내용보다 뒤의 내용이 더 나음을 나타낸다.

   ⓜ **어찌** : 문장을 묻는 문장이 되게 한다.

   ⓗ **마치** : 비유적인 표현과 주로 호응한다.

2 문장 완성

① 접속어 또는 핵심단어

   (　　) 안에 들어갈 것은 접속어 또는 핵심단어이다. 핵심단어는 문장 전체의 중심적 내용에서 판단한다.

② 올바른 접속어 선택

관계	내용	접속어의 예
순접	앞의 내용을 이어받아 연결시킴	그리고, 그리하여, 이리하여
역접	앞의 내용과 상반되는 내용을 연결시킴	그러나, 하지만, 그렇지만, 그래도
인과	앞뒤의 문장을 원인과 결과로 또는 결과와 원인으로 연결시킴	그래서, 따라서, 그러므로, 왜냐하면
전환	뒤의 내용이 앞의 내용과는 다른 새로운 생각이나 사실을 서술하여 화제를 바꾸며 이어줌	그런데, 그러면, 다음으로, 한편, 아무튼
예시	앞의 내용에 대해 구체적인 예를 들어 설명함	예컨대, 이를테면, 예를 들면
첨가 · 보충	앞의 내용에 새로운 내용을 덧붙이거나 보충함	그리고, 더구나, 게다가, 뿐만 아니라
대등 · 병렬	앞뒤의 내용을 같은 자격으로 나열하면서 이어줌	그리고, 또는, 및, 혹은, 이와 함께
확언 · 요약	앞의 내용을 바꾸어 말하거나 간추려 짧게 요약함	요컨대, 즉, 결국, 말하자면

section 03 독해

1 글의 주제 찾기

① 주제가 겉으로 드러난 글

    ㉠ 글의 주제 문단을 찾는다. 주제 문단의 요지가 주제이다.

    ㉡ 대개 3단 구성이므로 끝 부분의 중심 문단에서 주제를 찾는다.

    ㉢ 중심 소재(제재)에 대한 글쓴이의 입장이 나타난 문장이 주제문이다.

    ㉣ 제목과 밀접한 관련이 있음에 유의한다.

② 주제가 겉으로 드러나지 않는 글

    ㉠ 글의 제재를 찾아 그에 대한 글쓴이의 의견이나 생각을 연결시키면 바로 주제를 찾을 수 있다.

    ㉡ 제목이 상징하는 바가 주제가 될 수 있다.

    ㉢ 인물이 주고받는 대화의 화제나 화제에 대한 의견이 주제일 수도 있다.

    ㉣ 글에 나타난 사상이나 내세우는 주장이 주제가 될 수도 있다.

    ㉤ 시대적 · 사회적 배경에서 글쓴이가 추구하는 바를 찾을 수 있다.

2 세부 내용 파악하기

① 제목을 확인한다.

② 주요 내용이나 핵심어를 확인한다.

③ 지시어나 접속어에 유의하며 읽는다.

④ 중심 내용과 세부 내용을 구분한다.

⑤ 내용 전개 방법을 파악한다.

⑥ 사실과 의견을 구분하여 내용의 객관성과 주관성 파악한다.

예 설명문, 논설문 등

예 문학적인 글

❮ 독해 비법

㉠ 화제 찾기
- 설명문에서는 물음표가 있는 문장이 화제일 확률이 높음
- 첫 문단과 끝 문단을 주시

㉡ 접속사 찾기
- 특히 '그러나' 다음 문장은 중심내용일 확률이 높음

㉢ 각 단락의 소주제 파악
- 각 단락의 소주제를 파악한 후 인과적으로 연결

❰ 주제어 파악의 방법

㉠ 추상어 중 반복되는 말에 주목한다.
㉡ 그 말을 중심으로 글을 전개해 나가는
   말을 찾는다.

❰ 정보의 위상

㉠ 전제와 주지 : 글의 핵심이 되는 정보를
   주지(主旨)라 하고, 이를 도출해 내기
   위해 미리 제시하는 사전 정보를 전제
   (前提)라 한다.
㉡ 일화와 개념 : 일화적 정보와 개념적 정
   보가 함께 어우러져 있으면, 개념적 정
   보가 더 포괄적이고 종합적이므로 우위
   에 놓인다.
㉢ 설명과 설득 : 설명은 어떤 주지적인 내
   용을 해명하여 이해하도록 하는 것이
   며, 설득은 보다 더 적극성을 부여하여
   이해의 차원을 넘어 동의하고 공감하여
   글쓴이의 의견에 동조하거나 행동으로
   옮기도록 하는 것이다.

❰ 문장을 꼼꼼히 읽는 방법

㉠ 문장의 주어에 주목한다.
㉡ 접속어와 지시어 사용에 유의한다.
㉢ 문장을 읽을 때는 항상 펜을 들고 문장
   의 중심 내용에 밑줄을 긋는 습관을 들
   인다.

❰ 문단의 중심 내용을 찾는 방법

㉠ 문단에서 반복되는 어휘에 주목한다.
㉡ 문장과 문장 간의 관계에 유의해서 읽
   는다.
㉢ 글쓴이가 그 문단에서 궁극적으로 말하
   고자 하는 바를 생각해 본다.

❸ 중심 내용 파악하기

① 주제어 파악 … 글 전체를 읽어가면서 화제(話題)가 되는 말을 확인하고,
   화제어 중에서 가장 중심이 되는 말을 선별해야 한다.

② 중심 내용의 파악
   ㉠ 글을 제대로 이해하려면 글을 간추려 중심 내용을 파악해야 한다.
   ㉡ 글에 나타나 있는 여러 정보 상호 간의 위상이나 집필 의도 등을
      고려해 핵심 내용을 선별해야 한다.
   ㉢ 주제문 파악 방법
      • 집필 의도 등을 고려하여 글의 내용을 입체화시켜 본다.
      • 추상적 진술의 문장 등 화제를 집중적으로 해명한 문장을 찾는다.
      • 배제(排除)의 방법을 이용하여 정보의 중요도를 따져본다.
   ㉣ 중심 내용 찾기의 과정
      • 문장을 꼼꼼히 읽는다.
      • 문단의 중심 내용을 파악한다.
      • 글 전체의 중심 내용을 파악한다.

❹ 글의 구조 파악하기

① 글의 구조
   ㉠ 한 편의 글은 하나 이상의 문단이, 하나의 문단은 하나 이상의 문장
      이 모여서 이루어진다.
   ㉡ 이러한 성분들은 하나의 주제를 나타내기 위해 짜임새 있게 연결되
      어 있다.
   ㉢ 이러한 글의 짜임새를 글의 구조라 한다.

② 글의 구조 파악하기의 의미 … 단순히 글의 정보를 확인하고 이해하는 것
   에서 나아가 정보의 조직 방식과 정보 간의 관계까지 파악하는 것을
   포함한다.

③ 글의 구조 파악하기 방법
   ㉠ 문단의 중심 내용 파악하기
      • 글의 구조를 파악하기 위해서는 문단의 중심 내용을 먼저 파악해야 한다.
      • 글의 구조는 글의 내용과 밀접한 관련이 있기 때문이다.

ⓛ 문단의 기능 파악하기

- 한 편의 글은 여러 개의 형식 문단이 모여 이루어지는데, 이 때 각 문단은 각각의 기능을 지닌 채 유기적인 짜임으로 이루어져 있다.
- 따라서 글의 구조를 파악하기 위해서는 각 문단이 수행하는 기능과 역할을 파악해야 한다.

ⓒ 기능에 따른 문단의 유형

- 도입 문단 : 본격적으로 글을 써 나가기 위하여 글을 쓰는 동기나 목적, 과제 등을 제시하는 문단이다. 화제를 유도하며, 무엇보다도 독자의 흥미와 관심을 잡아끌어 글의 내용에 주목하게 한다.
- 전체 문단 : 논리적 전개의 바탕을 이루는 문단이다. 연역적 방법으로 전개되는 글에서 전제를 설정하는 경우와 비판적 관점으로 발전하기 위해 먼저 상식적 편견을 제시하는 경우가 많다.
- 발전 문단 : 앞 문단의 내용을 심화시켜 주제를 형상화하는 문단이다.
- 강조 문단 : 어떤 특정한 내용을 강조하는 문단이다. 어떤 문단을 독립시켜 강조하거나, 결론에서 특정한 내용을 반복하여 지적하는 경우가 많다.

ⓔ 문단과 문단의 관계 파악하기 : 한 편의 글을 구성하고 있는 각각의 문단은 독립적으로 존재하는 것이 아니라 앞뒤 문단과 밀접한 관련이 있으므로 문단과 문단의 관계를 파악하는 것이 중요하다.

❪ 문단의 기능을 파악하는 방법

ⓐ 문단의 기능을 나타내는 표현에 주목한다.
ⓛ 문단의 중심 내용을 글 전체의 주제와 비교하여 어떤 관계를 맺고 있는지 판단한다.
ⓒ 문단의 위치도 문단의 기능과 관련이 있으므로 문단의 기능에 따른 문단의 종류와 위치 등을 알아 둔다.

❪ 문단과 문단의 관계를 파악하는 방법

ⓐ 글 전체의 주제를 염두에 두고 인접한 문단끼리 중심 내용을 비교해 본다.
ⓛ 첫째, 둘째, 셋째 등의 내용 열거를 위한 표현들을 찾아 확인한다.
ⓒ 문단과 문단을 잇는 접속어에 유의한다.

5 핵심 정보 파악하기

① 핵심 정보의 파악

ⓐ 설명하는 글은 글쓴이가 알고 있는 사실이나 정보를 독자에게 쉽게 전달하기 위해 쓴 글이기 때문에 글쓴이의 의견은 거의 배제되기 쉽고 객관성이 강하다는 특징이 있다.

ⓛ 이런 종류의 글은 새로운 정보를 전달하는 글이므로 설명하고자 하는 핵심 정보를 파악하는 일이 글을 이해하는 데에 무엇보다 중요하다.

② 핵심 정보 파악하기의 방법

ⓐ 글의 첫머리에 유의하기

- 글쓴이는 말하고자 하는 부분 즉, 핵심 내용을 효과적으로 전달하기 위해 여러 가지 방법을 사용한다.
- 가장 일차적인 방법은 글의 첫머리에 자신이 설명하고자 하는 대상을 제시하는 것이다.

• 글의 첫머리는 독자에게 인상적으로 다가오기 때문에 글쓴이는 대상의 개념이나 글의 핵심 정보와 관련된 내용을 주로 이 부분에 배치한다.

ⓛ **반복되는 표현에 집중하기**

• 문단의 중심 내용은 자주 반복되어 진술된다.

• 글 전체에서도 중점적으로 설명하고자 하는 대상을 자주 반복하여 독자에게 강조하고자 한다.

• 반복되는 내용을 통해 문단의 중심 내용을 파악하고 다른 문단과의 관계를 파악하면, 글 전체의 핵심 내용을 파악하는 데 많은 도움이 된다.

ⓒ **문단의 중심 내용 종합하기**

• 하나의 문단에는 하나의 중심 내용과 이를 뒷받침하는 여러 문장들이 배치되어 있듯이 한 편의 글도 핵심 정보를 위해 관련된 문단이 유기적으로 조직되어 있다.

• 문단의 중심 내용을 찾은 후에는 그 중요성을 파악하고, 문단의 중심 내용을 모아 그 중요도를 따져보면 글 전체의 핵심 내용을 찾을 수 있다.

6 비판하며 읽기

① 비판하며 읽기 … 글에 제시된 정보를 정확하게 이해하기 위하여 내용의 적절성을 비평하고 판단하며 읽는 것을 말한다.

② 비판의 기준

ㄱ 준거 : 어떤 정보에 대해 가치를 판단할 수 있는, 이미 공인되고 통용되는 객관적인 기준을 말한다.

ⓛ 내적 준거 : 글 자체의 내용이나 구조, 표현 등과 같이 글 내부의 조직 원리와 관계된 판단 기준을 말한다.

• 적절성 : 글을 쓰는 목적, 대상에 따라 그에 알맞은 내용과 표현을 요구한다. 즉 글의 내용을 표현하는 어휘, 문장 구조, 서술 방식 등이 본래의 내용을 정확하고 적절하게 드러내어 잘 조화를 이루고 있는지를 판단하는 기준이 적절성의 기준이다.

• 유기성 : 유기성은 사고의 전개 과정, 즉 필자의 논지 전개가 일관되고 요소 간의 응집성이 갖추어져 있는지, 혹은 논리적 일탈은 없는지를 비판하는 기준이 되는 조건이다.

• 타당성 : 글의 내용이 제대로 표현되려면 필자의 생각을 뒷받침하는 논지와 그 제시 방법이 합리적이고 타당해야 한다. 이러한 타당성의 기준은 필자의 주관적인 견해를 마치 객관적인 사실과 진리인 것처럼 전제하고 있지는 않은가를 비판하는 기준이다.

ⓒ 외적 준거 : 사회 규범이나 보편적 가치관, 도덕과 윤리, 또는 시대 배경과 환경 등 글이 읽히는 상황과 관련되는 판단 기준을 말한다.

- 신뢰성 : 글 속에 담겨 있는 사실이나 전제, 견해들이 일반적인 진리에 비추어 옳은가를 판단하는 기준이다.
- 공정성 : 어떤 생각이 일반적인 사회 통념이나 윤리적·도덕적 가치 기준에 부합하는지, 그것이 일부의 사람들에게만이 아닌 대부분의 사람들에게 공감을 받을 수 있는지의 여부를 판단하는 기준이다.
- 효용성 : 글 속에 담겨 있는 정보나 견해가 현실적인 기준에 비추어 보았을 때 얼마나 유용한가를 평가하는 기준이다.

③ 비판하며 읽기의 방법

　㉠ 주장과 근거 찾기

- 주장하는 글을 읽을 때 가장 쉽게 범하는 실수는 주장과 근거를 혼동하는 것이다.
- 주장이 글쓴이가 독자를 설득하려는 중심 생각이고, 근거는 그 주장을 뒷받침하는 재료이다.
- 근거는 주장과 깊은 관련이 있지만 주장 그 자체는 아니다.

　㉡ 주장의 타당성 판단하기

- 주장이 무엇인지 파악하고 그 근거를 찾은 후에는 주장의 타당성을 검토한다.
- 글을 읽으면서 글쓴이의 입장이나 관점이 올바른가, 잘못된 관점이나 전제는 없는가, 예를 든 내용이 주장과 밀접한 관계가 있는가 등을 글쓴이의 관점과 반대되는 입장이나 자시의 관점에서 비판해 본다.

　㉢ 주장을 비판적으로 수용하기

- 주장이 타당하더라도 글쓴이의 주장을 무조건 받아들여서는 안된다.
- 글의 내용과 표현에 대해 의문을 품고 옳고 그름을 평가하거나, 자신의 관점과 다른 부분에 대해 반박하며 수용해야 한다.

7 추론하며 읽기

① **추론하며 읽기** … 이미 알려진 판단(전제)을 근거로 하여 새로운 판단(결론)을 이끌어 내기 위하여, 글 속에 명시적으로 드러나 있지 않은 내용, 과정, 구조에 관한 정보를 논리적 비약 없이 추측하거나 상상하며 읽는 것을 말한다.

❨ **주장을 비판적으로 수용하는 방법**

㉠ 나의 관점에서 글쓴이의 생각에 반론을 제시해 본다.

㉡ 주장에 대해 의문을 품고, 다른 측면의 생각은 없는지 질문해 본다.

㉢ 글쓴이의 의견이 시대적, 사회적 기준 등에 적합한가를 판단한다.

㉣ 대립하는 두 견해나 관점을 소개하는 경우 중립적인 관점에서 바라본 것인지 확인한다.

② 추론하며 읽기의 방법

㉠ 글의 결론 파악하기 : 글의 결론은 추론 과정의 산물이므로 추론 과정을 이해하기 위해서는 먼저 글의 결론이나 글쓴이의 주장을 파악해야 한다.

㉡ 전제나 근거 파악하기
- 전제란 결론을 이끌어 내는 과정에서 필요한 논리적 근거로서 주장이나 결론과 밀접한 관련이 있으며, 전제가 달라지면 주장이나 결론도 달라진다.
- 전제를 결론이나 주장과 따로 떼어서 다루는 것은 의미가 없다.

③ 추론 방식 파악하기

㉠ 연역 추리
- 일반적인 원리를 전제로 하여 특수한 사실에 대한 판단의 옳고 그름을 증명하는 추리이다.
- 어떤 특정한 대상에 대한 판단은 연역 추리에 의한 결론이 된다.
- 전제를 인정하면 필연적으로 결론을 인정하게 된다.

㉡ 귀납 추리
- 충분한 수효의 특수한 사례에서 일반적인 원리를 이끌어 내어 사례 전체를 설명하는 추리이다.
- 여러 사례에 두루 적용할 수 있는 일반적인 판단은 귀납 추리에 의한 결론이 된다.
- 전제를 다 인정하여도 결론을 필연적으로 인정하지 않을 수도 있다.

㉢ 유비 추리
- 범주가 다른 대상 사이의 유사성을 바탕으로 하나의 대상을 다른 대상의 특성에 비추어 설명하는 추리이다.
- 두 대상이 어떤 점에서 공통된다는 것을 바탕으로 다른 측면도 같다고 판단하면, 이것이 곧 추리의 결론이 된다.
- 이 경우에 한 쪽의 대상만 특수하게 지닌 속성을 다른 대상도 지니고 있다고 판단하면 오류가 된다.

㉣ 가설 추리
- 어떤 현상을 설명할 수 있는 원인을 잠정적으로 판단하고, 현상을 검토하여 그 판단의 정당성을 밝히는 추리이다.
- 현상의 원인에 대한 판단은 가설 추리에 의한 결론이 된다.
- 이 경우에는 누군가 더 적절한 다른 가설을 제시할 수 있고, 가설로 설명할 수 없는 다른 사례가 발견되면, 그 가설은 틀린 것이 될 수 있다.

자료해석

핵심이론정리

CHECK **TIP**

section 01 자료해석의 이해

1 자료읽기 및 독해력

제시된 표나 그래프 등을 보고 표면적으로 제공하는 정보를 정확하게 읽어내는 능력을 확인하는 문제가 출제된다. 특별한 계산을 하지 않아도 자료에 대한 정확한 이해를 바탕으로 정답을 찾을 수 있다.

2 자료 이해 및 단순계산

문제가 요구하는 것을 찾아 자료의 어떤 부분을 갖고 그 문제를 해결해야 하는지를 파악할 수 있는 능력을 확인한다. 문제가 무엇을 요구하는지 자료를 잘 이해해서 사칙연산부터 나오는 숫자의 의미를 알아야 한다. 계산 자체는 단순한 것이 많지만 소수점의 위치 등에 유의한다. 자료 해석 문제는 무엇보다도 꼼꼼함을 요구한다. 숫자나 비율 등을 정확하게 확인하고, 이에 맞는 식을 도출해서 문제를 푸는 연습과 표를 보고 정확하게 해석할 수 있는 연습이 필요하다.

3 응용계산 및 자료추리

자료에 주어진 정보를 응용하여 관련된 다른 정보를 도출하는 능력을 확인하는 유형으로 각 자료의 변수의 관련성을 파악하여 문제를 풀어야 한다. 하나의 자료만을 제시하지 않고 두 개 이상의 자료가 제시한 후 각 자료의 특성을 정확히 이해하여 하나의 자료에서 도출한 내용을 바탕으로 다른 자료를 이용해서 문제를 해결하는 유형도 출제된다.

4 대표적인 자료해석 문제 해결 공식

① 증감률

> 전년도 매출을 P, 올해 매출을 N이라 할 때, 전년도 대비 증감률은
> $$\frac{N-P}{P} \times 100$$

② 비례식

ⓐ 비교하는 양 : 기준량 = 비교하는 양 : 기준량

ⓑ 전항 : 후항 = 전항 : 후항

ⓒ 외항 : 내항 = 내항 : 외항

③ 백분율

> $$비율 \times 100 = \frac{비교하는양}{기준량} \times 100$$

---

section 02 차트의 종류 및 특징

1 세로 막대형

시간의 경과에 따른 데이터 변동을 표시하거나 항목별 비교를 나타내는 데 유용하다. 보통 세로 막대형 차트의 경우 가로축은 항목, 세로축은 값으로 구성된다.

2 꺾은선형

꺾은선은 일반적인 척도를 기준으로 설정된 시간에 따라 연속적인 데이터를 표시할 수 있으므로 일정 간격에 따라 데이터의 추세를 표시하는 데 유용하다. 꺾은선형 차트에서 항목 데이터는 가로축을 따라 일정한 간격으로 표시되고 모든 값 데이터는 세로축을 따라 일정한 간격으로 표시된다.

3 원형

데이터 하나에 있는 항목의 크기가 항목 합계에 비례하여 표시된다. 원형 차트의 데이터 요소는 원형 전체에 대한 백분율로 표시된다.

4 가로 막대형

가로 막대형은 개별 항목을 비교하여 보여준다. 단, 표시되는 값이 기간인 경우는 사용할 수 없다.

5 주식형

이름에서 알 수 있듯이 주가 변동을 나타내는 데 주로 사용한다. 과학 데이터에도 이 차트를 사용할 수 있는데 예를 들어 주식형 차트를 사용하여 일일 기온 또는 연간 기온의 변동을 나타낼 수 있다.

section 03 기초연산능력

1 사칙연산

수에 관한 덧셈, 뺄셈, 곱셈, 나눗셈의 네 종류의 계산법으로 업무를 원활하게 수행하기 위해서는 기본적인 사칙연산뿐만 아니라 다단계의 복잡한 사칙연산까지도 계산할 수 있어야 한다.

2 검산

① **역연산** … 덧셈은 뺄셈으로, 뺄셈은 덧셈으로, 곱셈은 나눗셈으로, 나눗셈은 곱셈으로 확인하는 방법이다.

② **구거법** … 원래의 수와 각 자리의 수의 합이 9로 나눈 나머지가 같다는 원리를 이용한 것으로 9를 버리고 남은 수로 계산하는 것이다.

section 04 기초통계능력

1 통계

① **통계** … 통계란 집단현상에 대한 구체적인 양적 기술을 반영하는 숫자이다.

② **통계의 이용**
   ㉠ 많은 수량적 자료를 처리가능하고 쉽게 이해할 수 있는 형태로 축소
   ㉡ 표본을 통해 연구대상 집단의 특성을 유추
   ㉢ 의사결정의 보조수단
   ㉣ 관찰 가능한 자료를 통해 논리적으로 결론을 추출·검증

③ 기본적인 통계치

    ㉠ 빈도와 빈도분포 : 빈도란 어떤 사건이 일어나거나 증상이 나타나는 정도를 의미하며, 빈도분포란 빈도를 표나 그래프로 종합적으로 표시하는 것이다.

    ㉡ 평균 : 모든 사례의 수치를 합한 후 총 사례 수로 나눈 값이다.

    ㉢ 백분율 : 전체의 수량을 100으로 하여 생각하는 수량이 그 중 몇이 되는가를 퍼센트로 나타낸 것이다.

④ 통계기법

    ㉠ 범위와 평균

      • 범위 : 분포의 흩어진 정도를 가장 간단히 알아보는 방법으로 최곳값에서 최젓값을 뺀 값을 의미한다.

      • 평균 : 집단의 특성을 요약하기 위해 가장 자주 활용하는 값으로 모든 사례의 수치를 합한 후 총 사례 수로 나눈 값이다.

    ㉡ 분산과 표준편차

      • 분산 : 관찰값의 흩어진 정도로, 각 관찰값과 평균값의 차의 제곱의 평균이다.

      • 표준편차 : 평균으로부터 얼마나 떨어져 있는가를 나타내는 개념으로 분산값의 제곱근 값이다.

⑤ 통계자료의 해석

    ㉠ 다섯숫자 요약

      • 최솟값 : 원자료 중 값의 크기가 가장 작은 값

      • 최댓값 : 원자료 중 값의 크기가 가장 큰 값

      • 중앙값 : 최솟값부터 최댓값까지 크기에 의하여 배열했을 때 중앙에 위치하는 사례의 값

      • 하위 25%값 · 상위 25%값 : 원자료를 크기 순으로 배열하여 4등분한 값

    ㉡ 평균값과 중앙값 : 평균값과 중앙값은 그 개념이 다르기 때문에 명확하게 제시해야 한다.

예 관찰값이 1, 3, 5, 7, 9일 경우

    범위는 $9 - 1 = 8$

    평균은 $\dfrac{1+3+5+7+9}{5} = 5$

예 관찰값이 1, 2, 3이고 평균이 2인 집단의 분산은

$$\dfrac{(1-2)^2 + (2-2)^2 + (3-2)^2}{3} = \dfrac{2}{3}$$

표준편차는 분산값의 제곱근 값인 $\sqrt{\dfrac{2}{3}}$ 이다.

2 도표분석

① 도표의 종류
 ㉠ **목적별** : 관리(계획 및 통제), 해설(분석), 보고
 ㉡ **용도별** : 경과 그래프, 내역 그래프, 비교 그래프, 분포 그래프, 상관 그래프, 계산 그래프
 ㉢ **형상별** : 선 그래프, 막대 그래프, 원 그래프, 점 그래프, 층별 그래프, 레이더 차트

② 도표의 활용
 ㉠ **선 그래프**
  • 주로 시간의 경과에 따라 수량에 의한 변화 상황(시계열 변화)을 절선의 기울기로 나타내는 그래프이다.
  • 경과, 비교, 분포를 비롯하여 상관관계 등을 나타낼 때 쓰인다.
 ㉡ **막대 그래프**
  • 비교하고자 하는 수량을 막대 길이로 표시하고 그 길이를 통해 수량 간의 대소관계를 나타내는 그래프이다.
  • 내역, 비교, 경과, 도수 등을 표시하는 용도로 쓰인다.
 ㉢ **원 그래프**
  • 내역이나 내용의 구성비를 원을 분할하여 나타낸 그래프이다.
  • 전체에 대해 부분이 차지하는 비율을 표시하는 용도로 쓰인다.
 ㉣ **점 그래프**
  • 종축과 횡축에 2요소를 두고 보고자 하는 것이 어떤 위치에 있는가를 나타내는 그래프이다.
  • 지역분포를 비롯하여 도시, 지방, 기업, 상품 등의 평가나 위치·성격을 표시하는데 쓰인다.
 ㉤ **층별 그래프**
  • 선 그래프의 변형으로 연속내역 봉 그래프라고 할 수 있다. 선과 선 사이의 크기로 데이터 변화를 나타낸다.
  • 합계와 부분의 크기를 백분율로 나타내고 시간적 변화를 보고자 할 때나 합계와 각 부분의 크기를 실수로 나타나고 시간적 변화를 보고자 할 때 쓰인다.

예 연도별 매출액 추이 변화 등

예 영업소별 매출액, 성적별 인원분포 등

예 제품별 매출액 구성비 등

예 광고비율과 이익률의 관계 등

예 상품별 매출액 추이 등

ⓗ 방사형 그래프(레이더 차트, 거미줄 그래프)
- 원 그래프의 일종으로 비교하는 수량을 직경, 또는 반경으로 나누어 원의 중심에서의 거리에 따라 각 수량의 관계를 나타내는 그래프이다.
- 비교하거나 경과를 나타내는 용도로 쓰인다.

③ 도표 해석시 유의사항
ⓐ 요구되는 지식의 수준을 넓힌다.
ⓑ 도표에 제시된 자료의 의미를 정확히 숙지한다.
ⓒ 도표로부터 알 수 있는 것과 없는 것을 구별한다.
ⓓ 총량의 증가와 비율의 증가를 구분한다.
ⓔ 백분위수와 사분위수를 정확히 이해하고 있어야 한다.

03

KIDA 간부선발도구
실전문제풀이

01 언어논리

≫ 정답 및 해설 **p.236**

Q 다음 문장의 문맥상 (   ) 안에 들어갈 단어로 가장 적절한 것을 고르시오. 【01~03】

01

> 팀장님은 프로젝트가 끝나면 (   ) 팀원들과 함께 술을 한잔 했다.

① 진즉
② 파투
③ 한갓
④ 으레
⑤ 달리

02

> 다시 한 번 이 행사를 위해 힘써 주신 여러분께 감사드리며, 이것으로 인사말을 (   ) 하겠습니다.

① 갈음
② 가름
③ 가늠
④ 갸름
⑤ 가감

03

> 우리가 별 탈 없이 (   ) 자라 벌써 스무 살이 되었다.

① 깜냥깜냥
② 어리마리
③ 콩팔칠팔
④ 흥뚱항뚱
⑤ 도담도담

04 의미가 비슷한 한자성어끼리 연결되지 않은 것은?

① 진퇴양난(進退兩難) − 사면초가(四面楚歌)

② 아전인수(我田引水) − 견강부회(牽强附會)

③ 단순호치(丹脣皓齒) − 순망치한(脣亡齒寒)

④ 풍전등화(風前燈火) − 위기일발(危機一髮)

⑤ 표리부동(表裏不同) − 양두구육(羊頭狗肉)

Q 다음에 제시된 글을 흐름이 자연스럽도록 순서대로 배열하시오. 【05~06】

05

> 우리에게 친숙한 동물들의 사소한 행동을 살펴보면 그들이 자신의 환경을 개조한다는 것을 알 수 있다.
> ㉠ 이처럼 동물들은 자신의 목적을 위해 행동함으로써 환경을 변형시킨다.
> ㉡ 가장 단순한 생명체는 먹이가 그들에게 헤엄쳐 오게 만들고, 고등동물은 먹이를 구하기 위해 땅을 파거나 포획 대상을 추적하기도 한다.
> ㉢ 그러나 이러한 설명은 생명체들이 그들의 환경 개변(改變)에 능동적으로 행동한다는 중요한 사실을 놓치고 있다.
> ㉣ 이러한 생존 방식을 흔히 환경에 적응하는 것으로 설명한다.

① ㉠－㉡－㉢－㉣　　　　　　　② ㉡－㉣－㉠－㉢

③ ㉡－㉠－㉣－㉢　　　　　　　④ ㉢－㉠－㉡－㉣

⑤ ㉡－㉠－㉢－㉣

06

ⓐ 그러나 예술가의 독창적인 감정 표현을 중시하는 한편 외부 세계에 대한 왜곡된 표현을 허용하는 낭만주의 사조가 18세기 말에 등장하면서, 모방론은 많이 쇠퇴했다.

ⓑ 미학은 예술과 미적 경험에 관한 개념과 이론에 대해 논의하는 철학의 한 분야로서, 미학의 문제들 가운데 하나가 바로 예술의 정의에 대한 문제이다.

ⓒ 예술이 자연에 대한 모방이라는 아리스토텔레스의 말에서 비롯된 모방론은, 대상과 그 대상의 재현이 닮은꼴이어야 한다는 재현의 투명성 이론을 전제한다.

ⓓ 이제 모방을 필수 조건으로 삼지 않는 낭만주의 예술가의 작품을 예술로 인정해 줄 수 있는 새로운 이론이 필요했다.

① ⓐ－ⓑ－ⓓ－ⓒ
② ⓑ－ⓒ－ⓐ－ⓓ
③ ⓑ－ⓓ－ⓒ－ⓐ
④ ⓒ－ⓑ－ⓐ－ⓓ
⑤ ⓒ－ⓑ－ⓓ－ⓐ

07 다음 중 글의 흐름으로 볼 때 삭제해야 하는 문장은?

'의사표시'는 의사표시자가 내심(內心)의 의사를 외부에 표시하는 법률 행위로서, 효과의사, 표시의사, 행위의사에 이어 표시행위까지의 과정을 거치며 일정한 법률 효과를 발생시킨다. ①A가 전원주택을 짓고 싶어서 B 소유의 토지를 사고자 하는 상황을 가정하여 의사표시 과정을 살펴보자. 전원주택을 짓고 싶다는 A의 생각은 '동기'에 해당한다. ②이러한 동기로 인해 A가 B 소유의 토지를 사야겠다고 마음먹은 것은 '효과의사'이다. ③우선 우리는 전원주택을 사고자하는 A의 동기에 대해 청취해야 한다. ④또한 이러한 '효과의사'를 B에게 전달해야겠다는 A의 생각은 '표시의사'이며, 이렇게 토지를 매수하겠다는 의사를 전달하는 방법 중 하나인 계약서 작성이라는 행위를 의도하거나 인식하는 것은 '행위의사'이다. ⑤마지막으로 이러한 의사를 토대로 토지 구입을 위한 계약서를 직접 작성하는 것은 '표시행위'이다.

08 보기〉의 글이 들어갈 위치로 적절한 곳은?

〈보기〉

고대 그리스의 민주주의나 마그나 카르타(대헌장) 이후의 영국 민주주의는 귀족이나 특정 신분 계층만이 누릴 수 있는 체제였다.

① 민주주의, 특히 대중 민주주의의 역사는 생각보다 짧다. ② 우리가 흔히 알고 있는 대중 민주주의, 즉 모든 계층의 성인들이 1인 1표의 투표권을 행사할 수 있는 정치 체제는 영국에서 독립한 미국에서 시작되었다고 보는 것이 맞다. ③ 하지만 미국에서조차도 20세기 초에야 여성에게 투표권을 부여하면서 제대로 된 대중 민주주의의 형태를 갖추게 되었다. ④ 유럽의 본격적인 민주주의 도입도 19세기 말에야 시작되었고, 유럽과 미국을 제외한 각국의 대중 민주주의의 도입은 이보다 훨씬 더 늦었다. ⑤

09 다음 글에서 밑줄 친 문장의 의미로 적절한 것은?

자연에서 발생하는 모든 일은 목적 지향적인가? 자기 몸통보다 더 큰 나뭇가지나 잎사귀를 허둥대며 운반하는 개미들은 분명히 목적을 가진 듯이 보인다. 그런데 가을에 지는 낙엽이나 한밤중에 쏟아지는 우박도 목적을 가질까? 아리스토텔레스는 모든 자연물이 목적을 추구하는 본성을 타고나며, 외적 원인이 아니라 내재적 본성에 따른 운동을 한다는 목적론을 제시한다. 그는 자연물이 단순히 목적을 갖는 데 그치는 것이 아니라 목적을 실현할 능력도 타고나며, 그 목적은 방해받지 않는 한 반드시 실현될 것이고, 그 본성적 목적의 실현은 운동 주체에 항상 바람직한 결과를 가져온다고 믿는다. 아리스토텔레스는 이러한 자신의 견해를 "자연은 헛된 일을 하지 않는다!"라는 말로 요약한다.

① 자연물은 모두 이성을 가지고 행동한다.
② 자연물이 목적을 가진 다는 것은 자연에 대한 이해를 왜곡한다.
③ 자연물은 본능적으로 목적을 추구하고 그 본능에 따라 주체에게 이로운 운동을 한다.
④ 자연물의 물질적 구성 요소를 알면 그것의 본성을 모두 설명할 수 있다.
⑤ 자연물은 외적 원인에 따라 목적을 가지고 실현한다.

10 다음 글의 내용과 부합하지 않는 것은?

> 토크빌이 미국에서 관찰한 정치 과정 가운데 가장 놀랐던 것은 바로 시민들의 정치적 결사였다. 미국인들은 어려서부터 스스로 단체를 만들고 스스로 규칙을 제정하여 그에 따라 행동하는 것을 관습화해왔다. 이에 미국인들은 어떤 사안이 발생할 경우 국가기관이나 유력자의 도움을 받기 전에 스스로 단체를 결성하여 집합적으로 대응하는 양상을 보인다. 미국의 항구적인 지역 자치의 단위인 타운, 시티, 카운티조차도 주민들의 자발적인 결사로부터 형성된 단체였다.
>
> 미국인들의 정치적 결사는 결사의 자유에 대한 완벽한 보장을 기반으로 실현된다. 일단 하나의 결사로 뭉친 개인들은 언론의 자유를 보장받으면서 자신들의 집약된 견해를 널리 알린다. 이러한 견해에 호응하는 지지자들의 수가 점차 늘어날수록 이들은 더욱 열성적으로 결사를 확대해간다. 그런 다음에는 집회를 개최하여 자신들의 힘을 표출한다. 집회에서 가장 중요한 요소는 대표자를 선출하는 기회를 만드는 것이다. 집회로부터 선출된 지도부는 물론 공식적으로 정치적 대의제의 대표는 아니다. 하지만 이들은 도덕적인 힘을 가지고 자신들의 의견을 반영한 법안을 미리 기초하여 그것이 실제 법률로 제정되게끔 공개적으로 입법부에 압력을 가할 수 있다.
>
> 토크빌은 이러한 정치적 결사가 갖는 의미에 대해 독특한 해석을 펼친다. 그에 따르면, 미국에서는 정치적 결사가 다수의 횡포에 맞서는 보장책으로서의 기능을 수행한다. 미국의 입법부는 미국 시민의 이익을 대표하며, 의회 다수당은 다수 여론의 지지를 받는다. 이를 고려하면 언제든 '다수의 이름으로' 소수를 배제한 입법권의 행사가 가능해짐에 따라 입법 활동에 대한 다수의 횡포가 나타날 수 있다. 토크빌은 이러한 다수의 횡포를 제어할 수 있는 정치 제도가 없는 상황에서 소수 의견을 가진 시민들의 정치적 결사는 다수의 횡포에 맞설 수 있는 유일한 수단이라고 보았다. 더불어 토크빌은 시민들의 정치적 결사가 소수자들이 다수의 횡포를 견제할 수 있는 수단으로 온전히 가능하기 위해서는 도덕의 권위에 호소해야 한다고 보았다. 왜냐하면 힘이 약한 소수자가 호소할 수 있는 것은 도덕의 권위뿐이기 때문이다.

① 미국의 항구적인 지역 자치인 타운은 주민들의 자발적인 결사로부터 시작되었다.

② 미국에서는 정치적 결사를 통해 실제 법률로 제정되게끔 입법부에 압력을 가할 수 있다.

③ 토크빌에 따르면, 다수의 횡포를 견제하기 위해서는 소수자들의 정치적 결사가 도덕의 권위에 맞서야 한다.

④ 토크빌에 따르면, 미국에서는 소수를 배제한 다수의 이름으로 입법권의 행사가 이루어질 수 있다.

⑤ 집회에서 가장 중요한 것은 대표자를 선출하는 기회를 만드는 것이지만 이 대표자는 정치적 대의제의 대표는 아니다.

11 다음 글의 빈칸에 들어갈 가장 알맞은 말은 어느 것인가?

> 은행은 불특정 다수로부터 예금을 받아 자금 수요자를 대상으로 정보생산과 모니터링을 하며 이를 바탕으로 대출을 해주는 고유의 자금중개기능을 수행한다. 이 고유 기능을 통하여 은행은 어느 나라에서나 경제적 활동과 성장을 위한 금융지원에 있어서 중심적인 역할을 담당하고 있다. 특히 글로벌 금융위기를 겪으면서 주요 선진국을 중심으로 직접금융이나 그림자 금융의 취약성이 드러남에 따라 은행이 정보생산 활동에 의하여 비대칭정보 문제를 완화하고 리스크를 흡수하거나 분산시키며 금융부문에 대한 충격을 완화한다는 점에 대한 관심이 크게 높아졌다. 또한 국내외 금융시장에서 비은행 금융회사의 업무 비중이 늘어나는 추세를 보이고 있음에도 불구하고 은행은 여전히 금융시스템에서 가장 중요한 기능을 담당하고 있는 것으로 인식되고 있으며, 은행의 자금중개기능을 통한 유동성 공급의 중요성이 부각되고 있다.
>
> 한편 은행이 외부 충격을 견뎌 내고 금융시스템의 안정 유지에 기여하면서 금융중개라는 핵심 기능을 원활히 수행하기 위해서는 (   ) 뒷받침되어야 한다. 그렇지 않으면 은행의 건전성에 대한 고객의 신뢰가 떨어져 수신기반이 취약해지고, 은행이 '고위험-고수익'을 추구하려는 유인을 갖게 되어 개별 은행 및 금융산업 전체의 리스크가 높아지며, 은행의 자금중개기능이 약화되는 등 여러 가지 부작용이 초래되기 때문이다. 결론적으로 은행이 수익성 악화로 부실해지면 금융시스템의 안정성이 저해되고 금융중개 활동이 위축되어 실물경제가 타격을 받을 수 있으므로 은행이 적정한 수익성을 유지하는 것은 개별 은행과 금융시스템은 물론 한 나라의 전체 경제 차원에서도 중요한 과제라고 할 수 있다. 이러한 관점에서 은행의 수익성은 학계는 물론 은행 경영층, 금융시장 참가자, 금융 정책 및 감독 당국, 중앙은행 등의 주요 관심대상이 되는 것이다.

① 외부 충격으로부터 보호받을 수 있는 제도적 장치가
② 비은행 금융회사에 대한 엄격한 규제와 은행의 건전성이
③ 유동성 문제의 해결과 함께 건전성이
④ 제도 개선과 함께 수익성이
⑤ 건전성과 아울러 적정 수준의 수익성이

Q 다음 문장의 문맥상 ( ) 안에 들어갈 단어로 가장 적절한 것을 고르시오 【12~15】

12

> 형은 오만하게 반말로 소리쳤다. 그리고는 좀 전까지 그녀가 앉아 있던 책상 앞의 의자로 가서 의젓하게 팔짱을 끼고 앉았다. 그녀는 형의 (   )적인 태도에 눌려서 꼼짝하지 않고 서 있었다.

① 강압   ② 억압
③ 위압   ④ 폭압
⑤ 중압

13

> 그렇게 기세등등했던 영감이 병색이 짙은 (   )한 얼굴을 하고 묏등이 파헤쳐지는 것을 지켜보고 있었다.

① 명석   ② 초췌
③ 비굴   ④ 좌절
⑤ 고상

14

> 경찰은 최근 고소인 조사를 마쳤으며 피고소된 누리꾼 6명 중 4명의 신원을 확인하고 거주지 경찰서에 조사를 (   )했다.

① 위임   ② 추천
③ 전담   ④ 촉탁
⑤ 위탁

15

> 이번 판결은 부모로서의 자격이 없는 사람들로부터 국가가 자녀의 양육권을 (   )할 수도 있음을 보여
> 준 것이다.

① 박탈

② 유린

③ 박멸

④ 침범

⑤ 점유

Ⓠ **다음 밑줄 친 부분과 같은 의미로 사용된 것을 고르시오 【16~17】**

16

> 마치 죽어 가는 환자 앞에서 금방 나을 병이니 아무 염려 말라고 위로하는 의사와 흡사한 태도를 <u>취하</u>
> <u>는</u> 사람이 더러 있었기 때문이다.

① 여러 가지 중에서 새것을 <u>취하다.</u>

② 그는 친구에게서 모자라는 돈을 <u>취했다.</u>

③ 수술 후 어머니는 조금씩 음식을 <u>취하기</u> 시작하셨다.

④ 그는 엉덩이를 의자에 반만 붙인 채 당장에라도 일어설 자세를 <u>취하고</u> 있었다.

⑤ 아버지는 나의 직업 선택에 대하여 관망하는 듯한 태도를 <u>취하고</u> 계셨다.

17

> 우리 헌법 제1조 제2항은 "대한민국의 주권은 국민에게 있고, 모든 권력은 국민으로부터 나온다."라고
> 규정하고 있다. 이 규정은 국가의 모든 권력의 행사가 주권자인 국민의 뜻에 따라 이루어져야 한다는
> 의미로 해석할 수 있다. 따라서 국회의원은 지역구 주민의 뜻에 따라 입법해야 한다고 생각하는 사람이
> 있다면, 그는 이 조항에서 근거를 <u>찾으면</u> 될 것이다.

① 은행에서 저금했던 돈을 <u>찾았다.</u>

② 우리나라를 <u>찾은</u> 관광객에게 친절하게 대합시다.

③ 시장은 다시 생기를 <u>찾고</u> 눈알이 핑핑 도는 삶의 터전으로 돌아가기 시작했다.

④ 잃어버린 명예를 다시 <u>찾기란</u> 쉽지 않다.

⑤ 누나가 문제해결의 실마리를 <u>찾았습니다.</u>

18 다음 글에서 추론할 수 없는 내용은?

> 정치 철학자로 알려진 아렌트 여사는 우리가 보통 '일'이라 부르는 활동을 '작업'과 '고역'으로 구분한다. 이 두 가지 모두 인간의 노력, 땀과 인내를 수반하는 활동이며, 어떤 결과를 목적으로 하는 활동이다. 그러나 전자가 자의적인 활동인 데 반해서 후자는 타의에 의해 강요된 활동이다. 전자의 활동을 창조적이라 한다면 후자의 활동은 기계적이다. 창조적 활동의 목적이 작품 창작에 있다면, 후자의 활동 목적은 상품 생산에만 있다.

① 고역은 인간적으로 수용될 수 없는 물리적 혹은 정신적 조건 하에서 이루어지는 일이다.
② 고역으로서의 일의 가치는 부정되어야 한다.
③ 고역으로서의 일은 정신적으로도 풍요한 생활을 위한 도구적 기능을 담당한다.
④ 일을 작업으로 볼 때 일은 찬미되고 격려될 수 있다.
⑤ 작업으로서의 일은 귀중한 가치라고 볼 수 있다.

19 다음 밑줄 친 단어들의 의미 관계가 다른 하나는?

① 이 상태로 나가다가는 현상 <u>유지</u>도 어려울 것 같다.
   그 어른은 이곳에서 가장 영향력이 큰 <u>유지</u>이다.
② 그의 팔에는 강아지가 <u>물었던</u> 자국이 남아 있다.
   모기가 옷을 뚫고 팔을 마구 <u>물어</u> 대었다.
③ 그 퀴즈 대회에서는 한 가지 상품만 <u>고를</u> 수 있다.
   울퉁불퉁한 곳을 흙으로 메워 판판하게 <u>골라</u> 놓았다.
④ 고려도 그 말년에 원군을 불러들여 삼별초 수만과 그들이 근거한 여러 <u>도서</u>의 수십만 양민을 도륙하게 하였다.
   많은 <u>도서</u> 가운데 양서를 골라내는 것은 그리 쉬운 일이 아니다.
⑤ 우리는 발해 유적 조사를 위해 중국 만주와 러시아 연해주 지역에 걸쳐 광범위한 <u>답사</u>를 펼쳤다.
   재학생 대표의 송사에 이어 졸업생 대표의 <u>답사</u>가 있겠습니다.

20 다음 중 ( ) 안에 공통으로 들어갈 단어는?

> • 타락과 방종 그리고 생에 대한 끝없는 회의와 ( )이 그들을 오늘의 시인으로 만들었다.
> • 김 의원은 정치에 ( )을 느끼고 정치계를 떠났다.

① 곤혹　　　　　　　　　　② 곤욕
③ 무안　　　　　　　　　　④ 환멸
⑤ 봉변

21 다음에 제시된 문장의 밑줄 친 부분의 의미가 나머지와 가장 다른 것은?

① 신태성은 쓴 것을 접어서 봉투를 훅 <u>불어</u> 그 속에 넣는다.
② 뜨거운 차를 <u>불어</u> 식히다.
③ 촛불을 입으로 <u>불어서</u> 끄다.
④ 유리창에 입김을 <u>불다</u>.
⑤ 사무실에 영어 회화 바람이 <u>불다</u>.

Q 다음 글을 읽고 순서에 맞게 논리적으로 배열한 것을 고르시오. 【22 ~ 23】

22

ⓐ 그런데 문제는 정도에 지나친 생활을 하는 사람을 보면 이를 무시하거나 핀잔을 주어야 할 텐데, 오히려 없는 사람들까지도 있는 척하면서 그들을 부러워하고 모방하려고 애쓴다는 사실이다. 이러한 행동은 '모방 본능' 때문에 나타난다. 모방 본능은 필연적으로 '모방 소비'를 부추긴다.

ⓑ 과시 소비란 자신이 경제적 또는 사회적으로 남보다 앞선다는 것을 여러 사람들 앞에서 보여 주려는 본능적 욕구에서 나오는 소비를 말한다.

ⓒ 모방소비란 내게 꼭 필요하지도 않지만 남들이 하니까 나도 무작정 따라 하는 식의 소비이다. 이는 마치 남들이 시장에 가니까 나도 장바구니를 들고 덩달아 나서는 격이다. 이러한 모방 소비는 참여하는 사람들의 수가 대단히 많다는 점에서 과시 소비 못지않게 큰 경제 악이 된다.

ⓓ 요사이 우리 주변에는 남의 시선은 전혀 의식하지 않은 채 나만 좋으면 된다는 식의 소비 행태가 날로 늘어나고 있다. 이를 가리켜 흔히 우리는 '과소비'라는 말을 많이 사용하는데, 경제학에서는 과소비와 비슷한 말로 '과시 소비'라는 용어를 사용한다.

① ⓑⓓⓐⓒ

② ⓑⓓⓒⓐ

③ ⓓⓑⓒⓐ

④ ⓓⓑⓐⓒ

⑤ ⓓⓒⓐⓑ

23

> ㉠ 근대 이전에는 평범한 사람들이 책을 소유하는 것이 쉬운 일이 아니었다. 글자를 아예 읽을 수 없는 문맹자들도 많았으며, 신분이나 성별에 따른 차별 때문에 누구나 교육을 받을 수도 없었다. 옛사람들에게 책은 지금보다 훨씬 귀하고 비싼 물건이었다. 인쇄 기술이 발달하지 않았고 책을 쓰고 읽는 일 자체를 아무나 할 수 없었기 때문이다.
>
> ㉡ 이 일화는 노력을 통해 목표를 성취한 사람의 감동적인 이야기일 뿐만 아니라, 조선 시대의 독서 문화를 상징적으로 보여 주는 예이기도 하다. 고전이나 그에 버금가는 글을 수없이 읽고 암송하고 그것을 펼쳐 내는 일이 곧 지성을 갖추고 표현하는 일이었다.
>
> ㉢ 활자로 인쇄된 종이 책을 서점에서 값을 치르고 사와서 집에서 혼자 눈으로 읽는 독서 방식은 보편적인 것도 영원불변한 것도 아니다. 현재 이러한 독서는 매우 흔하지만, 우리나라를 비롯하여 전 세계적으로 20세기에 들어서고 나서야 일반화되었다.
>
> ㉣ 조선 중기의 관료이자 시인인 김득신은 어렸을 때 천연두를 심하게 앓아 총기(聰氣)를 잃고 말았다. 그래서 김득신은 남들이 두어 번만 읽으면 아는 글을 수십 수백 번, 수천수만 번씩 읽고 외웠다. 결국, 김득신은 과거에도 급제하고 시인이 되었다.
>
> ㉤ 그래서 옛사람들의 독서와 공부 방법은 요즘과 달랐다. 그들은 책을 수없이 반복해서 읽었고, 통째로 외는 방법으로 공부했다. 그리고 글을 쓸 때면 책에 담긴 이야기와 성현의 말씀을 인용하며 자기 주장을 폈다.

① ㉢㉠㉤㉣㉡   ② ㉢㉠㉤㉡㉣
③ ㉠㉢㉤㉣㉡   ④ ㉠㉤㉢㉣㉡
⑤ ㉡㉢㉤㉠㉣

24 다음 내용에서 주장하는 바로 가장 적절한 것은?

> 언어와 사고의 관계를 연구한 사피어(Sapir)에 의하면 우리는 객관적인 세계에 살고 있는 것이 아니다. 우리는 언어를 매개로 하여 살고 있으며, 언어가 노출시키고 분절시켜 놓은 세계를 보고 듣고 경험한다. 워프(Whorf) 역시 사피어와 같은 관점에서 언어가 우리의 행동과 사고의 양식을 주조(鑄造)한다고 주장한다. 예를 들어 어떤 언어에 색깔을 나타내는 용어가 다섯 가지밖에 없다면, 그 언어를 사용하는 사람들은 수많은 색깔을 결국 다섯 가지 색 중의 하나로 인식하게 된다는 것이다.

① 언어와 사고는 서로 관련이 없다.
② 언어가 우리의 사고를 결정한다.
③ 인간의 사고는 보편적이며 언어도 그러한 속성을 띤다.
④ 사용언어의 속성이 인간의 사고에 영향을 줄 수는 없다.
⑤ 언어는 분절성을 갖는다.

25 아래의 (   ) 안에 들어갈 이음말을 바르게 배열한 것은?

한국인의 행동을 규정지었던 『소학』이나 『내훈』에서는 방에 들기 전에 반드시 건기침을 하라 했고, 문밖에 신 두 켤레가 있는데 말소리가 없으면 들어가서는 안 된다고 가르쳤다. 본래 정착 농경민이었던 한국인은 기침으로 백 마디 말을 할 줄 안다. 농경사회에서는 작업을 수행하는 구성원 간에 별다른 말이 없어도 안정적인 생활을 영위할 수 있었다. (   ) 정착보다는 이동이, 안정보다는 전쟁이 많았던 유럽에서는 그러한 생활환경 때문에 정확한 의사 교환이 중시되었다. 이처럼 변화가 심하고 위급한 상황이 잦은 사회에서는 통찰에 의한 의사소통이 발달하기 어려웠다. 근대화 과정에서 우리 사회가 서구화되면서 서구식의 정확한 의사소통이 점점 더 요구되고 있다. 전통 사회에서 널리 통용되던 통찰의 언어는 때때로 실수나 오해를 빚기도 한다. 그러나 통찰의 언어는 상호 간의 조화를 이루는 데에 매우 효과적인 의사소통 수단이다. 상대를 배려하는 마음으로 말하고 행동함으로써 친밀한 인간관계를 형성할 수 있게 하기 때문이다. (   ) 우리는 일상의 언어생활에서 통찰에 의한 의사소통 문화를 살려 나갈 필요가 있다.

① 그러나 - 하지만   ② 그러나 - 한편
③ 그리고 - 그런데   ④ 그런데 - 또한
⑤ 반면에 - 그러므로

26 다음 글의 주제를 바르게 기술한 것은?

민족 문화의 전통을 무시한다는 것은 지나친 자기 학대에서 나오는 편견에 지나지 않을 것이다. 따라서 첫머리에서 제기한 것과 같이, 민족 문화의 전통을 계승하자는 것이 국수주의(國粹主義)나 배타주의(排他主義)가 될 수는 없다. 오히려, 왕성한 창조적 정신은 선진 문화섭취에 인색하지 않을 것이다.
다만, 새로운 민족 문화의 창조가 단순한 과거의 묵수(墨守)가 아닌 것과 마찬가지로, 또 단순한 외래 문화의 모방도 아닐 것임은 스스로 명백한 일이다. 외래 문화도 새로운 문화의 창조에 이바지함으로써 뜻이 있는 것이고, 그러함으로써 비로소 민족 문화의 전통을 더욱 빛낼 수가 있는 것이다.

① 민족 문화와 외래문화의 중요성
② 민족 문화 전통 계승의 부당성
③ 민족 문화 전통 계승의 정당성
④ 외래 문화 수용의 부당성
⑤ 외래 문화 수용의 정당성

27 다음 빈칸에 공통으로 들어갈 고사성어로 옳은 것은?

> • 그는 피나는 노력의 결과 기타 연주 실력이 (   )했다.
> • 사람들이 모두 이 정신을 가지고, 이 방향으로 힘을 쓸진대 삼십 년이 못 하여 우리 민족은 (   )하게
>   될 것을 나는 확언하는 바이다.

① 주마간산(走馬看山)　　　　　　　② 십시일반(十匙一飯)
③ 절치부심(切齒腐心)　　　　　　　④ 괄목상대(刮目相對)
⑤ 풍전등화(風前燈火)

28 다음 글의 서술상 특징으로 옳은 것은?

> 　프레임(frame)이란 우리가 세상을 바라보는 방식을 형성하는 정신적 구조물이다. 프레임은 우리가 추구
> 하는 목적, 우리가 짜는 계획, 우리가 행동하는 방식, 그리고 우리 행동의 좋고 나쁜 결과를 결정한다.
> 정치에서 프레임은 사회 정책과 그 정책을 수행하고자 수립하는 제도를 형성한다. 프레임을 바꾸는 것
> 은 이 모두를 바꾸는 것이다. 그러므로 프레임을 재구성하는 것이 바로 사회적 변화이다.
> 　프레임을 재구성한다는 것은 대중이 세상을 보는 방식을 바꾸는 것이다. 그것은 상식으로 통용되는 것
> 을 바꾸는 것이다. 프레임은 언어로 작동되기 때문에, 새로운 프레임을 위해서는 새로운 언어가 요구된
> 다. 다르게 생각하려면 우선 다르게 말해야 한다.
> 　구제(relief)라는 단어의 프레임을 생각해 보자. 구제가 있는 곳에는 고통이 있고, 고통 받는 자가 있고, 그
> 고통을 없애 주는 구제자, 다시 말해 영웅이 있기 마련이다. 그리고 어떤 사람들이 그 영웅을 방해하려
> 고 한다면, 그 사람들은 구제를 방해하는 악당이 된다.

① 인용　　　　　　　　　　　　　　② 예시
③ 분류　　　　　　　　　　　　　　④ 서사
⑤ 논증

29 다음 글에서 주장하는 바로 가장 적절한 것은?

> 우리나라는 전통적으로 농경을 지어 왔다. 그래서 소는 경작을 위한 필수품이지 식용동물로 생각할 수가 없었다. 그래서 육질 섭취 수단으로 동네에 돌아다니는 개가 선택된 것이다. 그러나 프랑스 등 유럽 여러 나라에서는 우리처럼 농경 생활을 했었음에 틀림없지만 그것보다는 그들이 정착하기 전에는 오랜 기간 수렵을 했었기 때문에 개가 우리의 소처럼 중요한 수단이 되었고 당연히 수렵한 결과인 소 등의 동물로 육질을 섭취했던 것이다. 일반적으로 서유럽의 사람들은 개고기를 먹는 문화에 대해 혐오감을 나타낸다. 그들은 쇠고기와 돼지고기를 즐겨 먹는다. 그러나 인도의 힌두교도들이 보면, 힌두교도들 역시 쇠고기를 먹는 서유럽 사람들에게 혐오감을 느낄 것이다. 이슬람, 유대교들 또한 서유럽의 돼지고기를 먹는 식생활에 거부감을 느낄 것이다.

① 서로 다른 전통문화의 영향으로 식생활의 차이가 발생할 수 있다.
② 전통문화의 차이는 존중될 수 없다.
③ 우리나라는 전통적으로 농경생활 문화이다.
④ 유럽은 전통적으로 수렵생활 문화이다.
⑤ 서로 다른 식생활 문화는 혐오감을 조성한다.

30 다음 문장이 들어가기에 알맞은 곳은?

> 채용시즌을 따로 두지 않고 수시로 채용하는 미국·독일 기업은 해당 직무에 맞는 인재를 뽑아 채용과 동시에 활용할 수 있다. 직원의 적응력과 전문성이 높고, 채용 비용이 비교적 덜 든다.

> ㉠ 공채와 수시 채용은 각각 장·단점이 있다. 공채 방식은 짧은 기간 동안 대규모 인원을 채용할 때 유리하다. 직무 연수 등을 함께 받고, 기수·서열 문화가 자연스레 생기기 때문에 조직 충성도가 높은 편이다.
> ㉡ 그러나 범용 인재를 뽑기 때문에 입사 직후 곧바로 현장에 투입하긴 어렵다. 추가적인 교육비용이 필요하며 지원자 입장에서도 치열한 입사경쟁을 뚫어야 하기 때문에 많은 준비가 필요하다.
> ㉢ 보직 이동이 자유롭지 않고, 조직 충성도가 낮아 이직이 잦은 건 단점으로 꼽힌다.

① ㉠의 앞
② ㉠의 뒤
③ ㉡의 뒤
④ ㉢의 뒤
⑤ 글의 내용과 어울리지 않는다.

31 다음에 제시된 글을 가장 잘 요약한 것은?

근대 이전의 대도시들은 한 국가 내에서 중요한 역할을 수행하며 성장해 왔다. 이후 국가와 국가, 도시와 도시를 이어 주는 항공교통 및 인터넷과 같은 새로운 교통·통신 수단이 발달되었고, 전 세계적으로 공간적 분업체계가 형성되어 국가 간의 상호 작용이 촉진되었다. 그 결과 세계 도시에는 국제적 자본이 더욱 집중되었다.

이러한 일련의 과정 속에서 세계 도시 간의 계층 구조가 형성되었다. 가장 상위에 있는 세계 도시는 주로 전 세계적인 영향력을 갖추고 있는 선진국에 위치하게 되어 초국적 기업의 중추적 기능과 국제적인 사업 서비스의 역할을 수행해 왔다. 차상위 세계 도시들은 개발도상국의 세계 도시들로 대륙 규모의 허브 기능을 수행하고 있다. 이러한 세계 도시 체계는 국가 단위에서 상위의 도시들이 하위의 도시를 포섭하고 있다. 따라서 계층적 세계 도시 체계에서 세계 경제 성장의 기반이 되는 세계 도시는 더욱 성장하지만, 갈수록 주변부의 성격이 짙어지고 경제성장에서 배제되는 지역도 늘어나고 있다.

① 근대 이전의 대도시들은 국가 내에서 중요한 역할을 수행했다.
② 공간적 분업체계의 형성으로 국가 간의 상호 작용이 촉진되었다.
③ 새로운 교통·통신 수단의 발달로 인해 세계 도시에는 국제적 자본이 집중되었다.
④ 공간적 분업체계에 따른 세계 도시 간의 교류 증가로 세계 도시 간의 계층 구조가 형성되었으며 지역 불균형이 초래되었다.
⑤ 세계 도시 간의 계층 구조가 형성되어 경제성장에서 배제되는 지역은 점차 사라질 것이다.

가격분산(price dispersion)이란 동일 시점에 동일 제품에 대해 상점마다 가격 차이가 나는 현상을 말한다. 가격 분산이 존재하면 소비자는 특정 품질에 대해 비용을 더 많이 지불할 가능성이 있고 그 결과 구매력은 그만큼 저하되고, 경제적 복지수준도 낮아지게 된다. 또한 가격분산이 존재할 때 가격은 품질에 대한 지표가 될 수 없으므로, 만약 소비자가 가격을 품질의 지표로 사용한다면 많은 경제적 위험이 따르게 된다.

가격분산이 발생하는 원인은 크게 판매자의 경제적인 이유에 의한 요인, 소비자 시장구조에 의한 요인, 재화의 특성에 따른 요인, 소비자에 의한 요인으로 구분할 수 있다.

첫째, 판매자 측의 경제적인 이유로는 소매상점의 규모에 따른 판매비용의 차이와 소매상인들의 가격 차별화 전략의 두 가지를 들 수 있다. 상점의 규모가 클수록 대량으로 제품을 구매할 수 있으므로 판매비용이 절감되어 보다 낮은 가격에 제품을 판매할 수 있다. 가격 차별화 전략은 소비자의 지불 가능성에 맞추어 그때그때 최고 가격을 제시함으로써 이윤을 극대화하는 전략을 말한다.

둘째, 소비자 시장구조에 의한 요인으로 소비자 시장의 불완전성과 시장 규모의 차이에서 기인하는 것이다. 새로운 판매자가 시장에 진입하거나 ㉠퇴거한 때 각종 가격 세일을 실시하는 것과 소비자의 수가 많고 적음에 따라 가격을 다르게 정할 수 있는 것을 예로 들 수 있다.

셋째, 재화의 특성에 따른 요인으로 하나의 재화가 얼마나 다른 재화와 밀접하게 관련되어 있느냐에 관한 것, 즉 보완재의 여부에 따라 가격분산을 가져올 수 있다.

넷째, 소비자에 의한 요인으로 가격과 품질에 대한 소비자의 그릇된 인지를 들 수 있다. 소비자가 가격분산의 정도를 잘못 파악하거나 가격분산을 과소평가하게 되면 정보 탐색을 적게 하고 이는 시장의 규율을 늦춤으로써 가격분산을 지속시키는 데 기여하게 되는 것이다.

결론적으로 소비자 시장에서 가격분산의 발생은 필연적이고 구조적인 것이라 할 수 있다. 이는 소비자가 가격 정보 탐색을 통해 구매 이득을 얻을 수도 있지만 동시에 충분한 정보를 가지고 있지 않은 소비자들은 손실을 볼 수도 있음을 시사한다.

32 다음 글의 내용과 일치하지 않는 것은?

① 가격분산이란 동일 시점에 동일 제품에 대해 상점마다 가격 차이가 나는 현상이다.

② 소매상점의 규모에 따른 판매비용의 차이는 가격분산이 발생하는 원인 중 판매자의 경제적인 이유에 의한 요인에 해당한다.

③ 소비자 시장의 불완전성은 가격분산이 발생하는 원인 중 소비자 시장구조에 의한 요인에 해당한다.

④ 가격과 품질에 대한 소비자의 그릇된 인지는 가격분산이 발생하는 원인 중 소비자에 의한 요인에 해당한다.

⑤ 소비자 시장에서 가격분산의 발생은 우연적이라고 할 수 있다.

33 가격분산의 예로 적절한 것은?

① A옷가게는 점포 정리를 이유로 B옷가게보다 10,000원 더 저렴하게 면바지를 팔았다.
② 요금이 6,000원인 A미용실 대신 사은품을 함께 주는 B미용실에서 12,000원에 머리를 잘랐다.
③ 전기자전거를 사려 했으나 가격이 너무 비싸 망설이다가 신제품의 개발로 인해 가격이 떨어진 후 제품을 구매했다.
④ 대리점과 인터넷을 비교했더니 두 곳의 가격이 같아서 당장 물건을 받을 수 있는 대리점에서 휴대폰을 구매했다.
⑤ A피시방과 근처에 있는 B피시방은 1,000원이었던 요금을 올리는 데 합의한 후 피시방 요금을 1,500원으로 조정했다.

34 ㉠이 쓰인 예로 적절하지 않은 것은?

① 그는 벼슬을 그만두고 시골에 <u>퇴거</u>했다가 생을 마감했다.
② 효종의 <u>퇴거</u>와 관련해, 대비의 상복 착용 기간은 어느 정도가 타당한가라는 문제를 둘러싸고 논란이 일었다.
③ 그의 <u>퇴거</u>가 새로운 시대를 불러올 것이다.
④ 경찰서에 동행했더라도 영장이 발부되기 전까지는 언제라도 <u>퇴거</u>의 자유가 있다.
⑤ 선인들이 말하기를 선비는 자신과 세상이 모순되면 <u>퇴거</u>해서 스스로 즐기는 것이 분수에 맞는 일이라 하였다.

문화주의자들은 문화를 가치, 신념, 인식 등의 총체로서 정치적 행동과 행위를 특정한 방향으로 움직여 일정한 행동양식을 만들어내는 것으로 정의한다. 이러한 문화에 대한 정의를 바탕으로 이들은 국민이 정부에게 하는 정치적 요구인 투입과 정부가 생산하는 정책인 산출을 기반으로 정치문화를 편협형, 신민형, 참여형의 세 가지로 유형화하였다. 편협형 정치 문화는 투입과 산출에 대한 개념이 모두 존재하지 않는 정치 문화이다. 투입이 없으며, 정부도 산출에 대한 개념이 없어서 적극적 참여자로서의 자아가 있을 수 없다. 사실상 정치 체계에 대한 인식이 국민들에게 존재할 수 없는 사회이다. 샤머니즘에 의한 신정 정치, 부족 또는 지역 사회 등 전통적인 원시 사회가 이에 해당한다.

다음으로 신민형 정치 문화는 투입이 존재하지 않으며, 따라서 적극적 참여자로서의 자아가 형성되지 못한 사회이다. 이런 상황에서 산출이 존재한다는 의미는 국민이 정부가 해주는 대로 받는다는 것을 의미한다. 이들 국민은 정부에 복종하는 성향이 강하다. 하지만 편협형 정치 문화와 달리 이들 국민은 정치 체계에 대한 최소한의 인식은 있는 상태이다. 일반적으로 독재 국가의 정치 체계가 이에 해당한다.

마지막으로 참여형 정치 문화는 국민들이 자신들의 요구사항을 ⊙표출할 줄도 알고, 정부는 그러한 국민들의 요구에 응답하는 사회이다. 따라서 국민들은 적극적인 참여자로서의 자아가 형성되어 있으며, 그러한 적극적 참여자들로 형성된 정치 체계가 존재하는 사회이다. 이는 선진 민주주의 사회로서 현대의 바람직한 민주주의 사회상이다.

35 다음 글의 내용과 일치하는 것은?

① 투입은 정부가 생산하는 정책을 뜻한다.
② 샤머니즘에 의한 신정 정치는 신민형 정치 문화에 해당한다.
③ 독재 국가의 정치 체계는 편협형 정치 문화에 해당한다.
④ 참여형 정치 문화에서 국민들은 자신들의 요구사항을 표출하지 않는다.
⑤ 선진 민주주의 사회는 참여형 정치 문화에 해당한다.

36 ⊙이 들어가기에 적절한 문장은?

① ( ) 방법이 서투르다.
② 자존심이 강한 그에게 실업자라는 ( )을 굳이 쓸 필요가 없다.
③ 그는 사직서를 제출함으로써 자신의 불만을 극단적으로 ( )하고자 하였다.
④ 자신이 성실하지 못하다는 식으로 ( )되는 것을 좋아할 사람은 아무도 없다.
⑤ 지금의 행복한 심정을 말로 다 할 수가 없다.

37 다음 밑줄 친 단어와 일맥상통하는 단어를 바르게 고른 것은?

> 구설수도 많았던 것이 사실이지만 우리가 이룩한 업적은 그동안의 피땀 흘린 노력과 서로 <u>비기고도</u> 남는 것이었다.

① 보상

② 보충

③ 보완

④ 상쇄

⑤ 보조

38 다음 중 밑줄 친 말의 풀이로 틀린 것은?

> 오늘은 퇴근 후에 동창들과 모임이 있는 날이다. 늦을지 모른다는 생각이 든 나는 업무를 급히 <u>갈무리</u>하고 사무실을 나섰다. 우리 동창들은 두 달에 한 번씩 <u>돌림턱</u>을 내며 서로 간의 <u>우의</u>를 다져왔다. 오늘은 이번에 취직한 친구가 한 턱을 내는 날이다. 오늘의 약속장소는 <u>한갓진</u> 식당이어서 들어서자 반가운 얼굴들이 금세 눈에 들어왔다. 자리에 앉자마자 오늘의 메뉴인 해물탕이 나왔다. <u>매큼한</u> 음식 냄새를 맡으니 갑자기 배가 고파졌다.

① 갈무리 : 일을 빨리하도록 독촉함

② 돌림턱 : 여러 사람이 일정한 시간을 두고 차례로 돌아가며 내는 턱

③ 우의 : 친구 사이의 정의

④ 한갓진 : 한가하고 조용한

⑤ 매큼한 : 냄새나 맛이 아주 매운

39 다음 빈칸에 들어갈 말로 가장 적절한 것은?

> 이번 장관 후보자에 대한 청문회는 우리나라 정치인의 도덕성을 평가하는 (   )이/가 될 것이다.

① 시금석

② 출사표

③ 마중물

④ 고갱이

⑤ 간사위

40 다음 중 아래의 밑줄 친 ㉠과 같은 의미로 사용된 것은?

시를 창작할 때는 시어를 잘 선택하여 사용하는 것이 중요합니다. 어떤 시어를 사용하느냐에 따라 시의 느낌이 달라지기 때문이죠. 시인이 시를 창작하는 과정에서 아래의 괄호 안에 있는 두 개의 시어 중 ㉠ 하나를 선택하는 상황이라고 가정해 봅시다. 시인이 밑줄 친 시어를 선택함으로써 얻을 수 있었던 효과가 무엇일지 한 명씩 발표해 보도록 합시다.

① 우리 모두 하나가 되어 이 나라를 지킵시다.
② 하나는 소극적 자유요, 하나는 적극적 자유이다.
③ 달랑 가방 하나만 들고 있었다.
④ 언제나처럼 그는 피곤했고, 무엇 하나 기대를 걸 만한 것도 없었다.
⑤ 너한테는 잘못이 하나도 없다.

41 다음 중 밑줄 친 단어와 같은 의미로 사용된 것은?

세계기상기구(WMO)에서 발표한 자료에 따르면 지난 100년 간 지구 온도가 뚜렷하게 상승하고 있다고 한다. 그러나 지구가 점점 더워지고 있다는 말이다. 산업혁명 이후 석탄과 석유 등의 화석 연료를 지속적으로 사용한 결과로 다량의 온실가스가 대기로 배출되었기 때문에 지구온난화현상이 심화된 것이다. 비록 작은 것일지라도 실천할 수 있는 방법들을 찾아보아야 한다. 나는 이번 여름에는 꼭 수영을 배울 것이다. 자전거를 타거나 걸어 다니는 것을 실천해야겠다. 또, 과대 포장된 물건의 구입을 지향해야겠다.

① 식순에 따라 다음은 애국가 제창이 있겠습니다.
② 철수는 어머니를 따라 시장 구경을 갔다.
③ 수학에 있어서만은 반에서 그 누구도 그를 따를 수 없다.
④ 우리는 선생님이 보여 주는 동작을 그대로 따라서 했다.
⑤ 새 사업을 시작하는 데는 많은 어려움이 따르게 될 것이다.

42 다음의 주장을 비판하기 위한 근거로 적절하지 않은 것은?

> 영어는 이미 실질적인 인류의 표준 언어가 되었다. 따라서 세계화를 외치는 우리가 지구촌의 한 구성원이 되기 위해서는 영어를 자유자재로 구사할 수 있어야 한다. 더구나 경제 분야의 경우 국가 간의 경쟁이 치열해지고 있는 현재의 상황에서 영어를 모르면 그만큼 국가가 입는 손해도 막대하다. 현재 우리나라가 영어 교육을 강조하는 것은 모두 이러한 이유 때문이다. 따라서 우리가 세계 시민의 일원으로 그 역할을 다하고 우리의 국가 경쟁력을 높여가기 위해서는 영어를 국어와 함께 우리 민족의 공용어로 삼는 것이 바람직하다.

① 한 나라의 국어에는 그 민족의 생활 감정과 민족정신이 담겨 있다.
② 외국식 영어 교육보다 우리 실정에 맞는 영어 교육 제도를 창안해야 한다.
③ 민족 구성원의 통합과 단합을 위해서는 단일한 언어를 사용하는 것이 바람직하다.
④ 세계화는 각 민족의 문화적 전통을 존중하는 문화 상대주의적 입장을 바탕으로 해야 한다.
⑤ 경제인 및 각 분야의 전문가들만 영어를 능통하게 구사해도 국가 간의 경쟁에서 앞서 갈 수 있다.

43 다음 글의 내용과 일치하지 않는 것은?

> 아침에 땀을 빼는 운동을 하면 식욕을 줄여준다는 연구결과가 나왔다. 미국 A대학 연구팀이 35명의 여성을 대상으로 이틀간 아침 운동에 따른 식욕의 변화를 측정한 결과다. 연구팀은 첫 번째 날은 45분간 운동을 시키고, 다음날은 운동을 하지 않게 하고는 음식 사진을 보여줬다. 이때 두뇌 부위에 전극장치를 부착해 신경활동을 측정했다. 그 결과 운동을 한 날은 운동을 하지 않은 날에 비해 음식에 대한 주목도가 떨어졌다. 음식을 먹고 싶다는 생각이 그만큼 덜 든다는 얘기다. 뿐만 아니라 운동을 한 날은 하루 총 신체활동량이 증가했다. 운동으로 소비한 열량을 보충하기 위해 음식을 더 먹지도 않았다. 운동을 하지 않은 날 소모한 열량과 비슷한 열량을 섭취했을 뿐이다. 실험 참가자의 절반가량은 체질량지수(BMI)를 기준으로 할 때 비만이었는데, 이와 같은 현상은 비만 여부와 상관없이 나타났다.

① 운동을 한 날은 운동을 하지 않은 날에 비해 음식에 대한 주목도가 떨어졌다.
② 과한 운동은 신경활동과 신체활동량에 영향을 미친다.
③ 비만여부와 상관없이 아침운동은 식욕을 감소시킨다.
④ 운동을 한 날은 신체활동량이 증가한다.
⑤ 체질량지수와 실제 비만 여부와의 관계는 상관성이 떨어진다.

44 다음 문맥상 ( ) 안에 들어갈 내용으로 가장 적절한 것은?

> 동물 권리 옹호론자들의 주장과는 달리, 동물과 인류의 거래는 적어도 현재까지는 크나큰 성공을 거두었다. 소, 돼지, 개, 고양이, 닭은 번성해온 반면, 야생에 남은 그들의 조상은 소멸의 위기를 맞았다. 북미에 현재 남아 있는 늑대는 1만 마리에 불과하지만, 개는 5,000만 마리다. 이들 동물에게는 자율성의 상실이 큰 문제가 되지 않는 것처럼 보인다. 동물 권리 옹호론자들의 말에 따르면, (   ) 하지만 개의 행복은 인간에게 도움을 주는 수단 역할을 하는 데 있다. 이런 동물은 결코 자유나 해방을 원하지 않는다.

① 가축화는 인간이 강요한 것이 아니라 동물들이 선택한 것이다.
② 동물들이 야생성을 버림으로써 비로소 인간과 공생관계를 유지해 왔다.
③ 동물을 목적이 아니라 수단으로 다루는 것은 잘못된 일이다.
④ 동물들에게 자율성을 부여할 때 동물의 개체는 더 늘어날 수 있다.
⑤ 동물 보호에 앞장서야 한다.

45 다음 문맥상 ( ) 안에 들어갈 내용으로 가장 적절한 것은?

> 과학을 잘 모르는 사람들이 갖는 두 가지 편견이 있다. 그 하나의 극단은 과학은 인간성을 상실하게 할 뿐만 아니라 온갖 공해와 전쟁에서 대량 살상을 하는 등 인간의 행복을 빼앗아가는 아주 나쁜 것이라고 보는 입장이다. 다른 한 극단은 과학은 무조건 좋은 것, 무조건 정확한 것으로 보는 것이다. 과학의 발달과 과학의 올바른 이용을 위해서 이 두 가지 편견은 반드시 해소되어야 한다. 물론, 과학에는 이 두 가지 얼굴이 있다. 그러나 이 두 가지 측면이 과학의 진짜 모습은 아니다. 아니, 과학이 어떤 얼굴을 하고 있는 것도 아니다. (   )

① 과학의 본 모습은 아무도 모른다.
② 과학의 얼굴은 우리 스스로가 만들어 가는 것이다.
③ 그러므로 과학을 배척해야 한다.
④ 과학의 정확한 정의를 확립해야 한다.
⑤ 과학은 시대에 따라 변한다.

46 다음 글 뒤에 이어질 내용을 유추한 것으로 가장 알맞은 것은?

> "한국·일본·중국의 세 나라 사람을 돼지우리에 가두면 어떻게 될까?"라는 우스갯소리가 있다. 들어가자마자 맨 먼저 울 밖으로 나오는 것은 두말할 것 없이 일본 사람이다. 성급할 뿐 아니라, 깨끗한 것을 좋아하는 민족이기 때문이다. 다음에 더 이상 못 견디겠다고 비명을 지르고 나오는 것은 그래도 뚝심과 오기가 있는 한국인이다. 그런데 아무리 기다려도 나오지 않는 것이 중국인이다. 끝내 견디지 못하고 나오는 것은 중국인이 아니라 오히려 돼지 쪽이라는 것이다. 중국 사람들이 그만큼 둔하고 더럽다는 욕이지만, 해석하기에 따라서는 끝까지 역경 속에서도 살아남을 수 있는 끈덕지고 통이 큰 대륙 사람이라는 칭찬이 될 수도 있다.

① 한국 사람들은 어느 나라 사람들보다도 뚝심과 오기가 강하다.
② 인생의 역경을 헤쳐 나가기 위해서는 인내심과 지혜가 필요하다.
③ 중국 사람들은 어떤 역경 속에서도 생존할 수 있는 끈질긴 생명력을 지녔다.
④ 같은 말이라도 그것을 받아들이는 사람에 따라서 각기 다르게 이해할 수 있다.
⑤ 일본 사람들은 동양 3국의 국민들 가운데 가장 성급하고, 청결한 것을 좋아한다.

47 다음 글에서 아래의 주어진 문장이 들어가기에 가장 알맞은 곳은?

> (가) 요즘 우리 사회에서는 정보화 사회에 대한 논의도 활발하고 그에 대한 노력도 점차 가속화되고 있다. (나) 정보화 사회에 대한 인식이나 노력의 방향이 잘못되어 있는 경우가 많다. (다) 정보화 사회의 본질은 정보기기의 설치나 발전에 있는 것이 아니라 그것을 이용한 정보의 효율적 생산과 유통, 그리고 이를 통한 풍요로운 삶의 추구에 있다. (라) 정보기기에 급급하여 이에 종속되기보다는 그것의 효과적인 사용이나 올바른 활용에 정보화 사회에 개한 우리의 논의가 집중되어야 할 것이다.

> 대부분의 사람들은 정보기기를 구입하고 이를 설치해 놓는 것으로 마치 정보화 사회가 이루어지는 것처럼 여기고 있다.

① (가)　　　　　　　　　　② (나)
③ (다)　　　　　　　　　　④ (라)
⑤ 정답 없음

48 다음의 '미봉(彌縫)'과 의미가 통하는 한자성어는?

> 이번 폭우로 인한 수해는 30년 된 매뉴얼에 의한 안일한 대처로 피해를 키운 인재(人災)라는 논란이 있다. 하지만 이번에도 정치권에서는 근본 대책을 세우기보다 특별재난지역을 선포하는 선에서 적당히 '미봉(彌縫)'하고 넘어갈 가능성이 크다.

① 이심전심(以心傳心)
② 괄목상대(刮目相對)
③ 임시방편(臨時方便)
④ 주도면밀(周到綿密)
⑤ 청산유수(靑山流水)

49 다음 글에서 추론할 수 없는 진술은?

> 미국의 경우, 1977년부터 2001년까지 살해된 사람의 수는 흑인과 백인이 비슷했지만, 사형을 선고받은 죄수들 중 80%는 백인을 살해한 혐의로 기소된 사람이었다. 또한 뉴저지 주 검찰청이 작성한 한 보고서에 따르면, 경찰은 교통 단속을 함에 있어서 인종을 중요한 기준으로 삼고 있었다.

① 법 앞에서의 평등이 현실에서 무시될 수 있다.
② 흑인이 백인에 비해 범법자로 처벌될 가능성이 높다.
③ 백인보다 흑인이 법을 통한 분쟁 해결을 선호할 것이다.
④ 법을 적용함에 있어서 인종에 대한 편견이 작용할 것이다.
⑤ 동일한 범죄를 저질렀더라도 백인에 비해 흑인의 형량이 무거울 것이다.

50 다음 제시된 글의 다음에 올 문장의 배열이 차례로 나열된 것은?

조사, 문서 작성이야말로 교양교육에서 가장 중요한 포인트라고 생각했고 지금도 그렇게 생각한다. 이 '다치바나 세미나'의 과정에서 완성된 것이 '20세 무렵', '환경 호르몬 입문', '신세기 디지털 강의'라는 세 권의 책이다. '20세 무렵'의 머리말에서 왜 '조사, 문서 작성'을 선택했는지, 그 이유에 대해 다음과 같이 설명했다.

㉠ 조사하고 글을 쓴다는 것은 그렇게 중요한 기술이지만, 그것을 대학교육 안에서 조직적으로 가르치는 장면은 보기 힘들다. 이것은 대학교육의 거대한 결함이라고 말하지 않을 수 없다. 단 조사하고 글을 쓴다는 것은 그렇게 쉽게 다른 사람에게 가르칠 수 있는 부분이 아니다. 추상적으로 강의하는 것만으로는 가르칠 수 없으며 OJT(현장교육)가 필요하다.

㉡ '조사, 문서 작성'을 타이틀로 삼은 이유는 대부분의 학생에게 조사하는 것과 글을 쓰는 것이 앞으로의 생활에서 가장 중요하다고 여겨질 지적 능력이기 때문이다. 조사하고 글을 쓰는 것은 이제 나 같은 저널리스트에게만 필요한 능력이 아니다. 현대 사회의 거의 모든 지적 직업에서 일생 동안 필요한 능력이다. 저널리스트든 관료든 비즈니스맨이든 연구직, 법률직, 교육직 등의 지적 노동자든, 대학을 나온 이후에 활동하게 되는 대부분의 직업 생활에서 상당한 부분이 조사하는 것과 글을 쓰는 데 할애될 것이다. 근대 사회는 모든 측면에서 기본적으로 문서화시키는 것으로 조직되어 있기 때문이다.

㉢ 무엇인가를 전달하는 문장은 우선 이론적이어야 한다. 그러나 이론에는 내용(콘텐츠)이 수반되어야 한다. 이론보다 증거가 더 중요한 것이다. 이론을 세우는 쪽은 머릿 속의 작업으로 끝낼 수 있지만, 콘텐츠 쪽은 어디에선가 자료를 조사하여 가져와야 한다. 좋은 콘텐츠에 필요한 것은 자료가 되는 정보다 따라서 조사를 하는 작업이 반드시 필요하다.

㉣ 인재를 동원하고 조직을 활용하고 사회를 움직일 생각이라면 좋은 문장을 쓸 줄 알아야 한다. 좋은 문장이란 명문만을 가리키는 것이 아니다. 멋진 글이 아니라도 상관없지만, 전달하는 사람의 뜻을 분명하게 이해시킬 수 있는 문장이어야 한다. 문장을 쓴다는 것은 무엇인가를 전달한다는 것이다. 따라서 자신이 전달하려는 내용이 그 문장을 읽은 사람에게 분명하게 전달되어야 한다.

① ㉠-㉡-㉢=㉣
② ㉡-㉣-㉢-㉠
③ ㉢-㉡-㉠-㉣
④ ㉢-㉠-㉡-㉣
⑤ ㉣-㉢-㉠-㉡

51 다음 제시된 글에서 작가가 표현하려고 하는 것을 가장 잘 의미하는 한자성어는?

> 요즘 아이들은 배우지 않는 과목이 없다. 모르는 것이 없이 묻기만 하면 척척 대답한다. 중학교나 고등학교의 숙제를 보면 몇 년 전까지만 해도 상상도 할 수 없던 내용들을 다룬다. 어떤 어려운 주제를 내밀어도 아이들은 인터넷을 뒤져서 용하게 찾아낸다. 그런데 그 똑똑한 아이들이 정작 스스로 판단하고 제 힘으로 할 줄 아는 것이 하나도 없다. 시켜야 하고, 해 줘야 한다. 판단 능력은 없이 그저 많은 정보가 내장된 컴퓨터와 같다. 그 많은 독서와 정보들은 다만 시험 문제 푸는 데만 유용할 뿐 삶의 문제로 내려오면 전혀 무용지물이 되고 만다.

① 박학다식(博學多識)
② 박람강기(博覽强記)
③ 대기만성(大器晩成)
④ 팔방미인(八方美人)
⑤ 생이지지(生而知之)

52 다음 글의 전개 순서로 가장 자연스러운 것은?

> ㉠ 이 세상에서 가장 결백하게 보이는 사람일망정 스스로나 남이 알아차리지 못하는 결함이 있을 수 있고, 이 세상에서 가장 못된 사람으로 낙인이 찍힌 사람일망정, 결백한 사람에서마저 찾지 못한 아름다운 인간성이 있을지도 모른다.
>
> ㉡ 소설만 그런 것이 아니다. 우리의 의식 속에는 은연중 이처럼 모든 사람을 좋은 사람과 나쁜 사람 두 갈래로 나누는 버릇이 도사리고 있다. 그래서인지 흔히 사건을 다루는 신문 보도에는 모든 사람이 '경찰' 아니면 도둑놈인 것으로 단정한다. 죄를 저지른 사람에 관한 보도를 보면 마치 그 삶이 죄의 화신이고, 그 사람의 이력이 죄만으로 점철되었고, 그 사람의 인격에 바른 사람으로서의 흔적이 하나도 없는 것으로 착각하게 된다.
>
> ㉢ 이처럼 우리는 부분만을 보고, 또 그것도 흔히 잘못 보고 전체를 판단한다. 부분만을 제시하면서도 보는 이가 그것이 전체라고 잘못 믿게 만들 뿐만이 아니라, '말했다'를 '으스댔다', '우겼다', '푸념했다', '넋두리했다', '뇌까렸다', '잡아뗐다', '말해서 빈축을 사고 있다' 같은 주관적 서술로 감정을 부추겨서, 상대방으로 하여금 이성적인 사실 판단이 아닌 감정적인 심리 반응으로 얘기를 들을 수밖에 없도록 만든다.
>
> ㉣ '춘향전'에서 이도령과 변학도는 아주 대조적인 사람들이었다. 흥부와 놀부가 대조적인 것도 물론이다. 한 사람은 하나부터 열까지가 다 좋고, 다른 사람은 모든 면에서 나쁘다. 적어도 이 이야기에 담긴 '권선징악'이라는 의도가 사람들을 그렇게 믿게 만든다.

① ㉠㉡㉢㉣
② ㉣㉡㉢㉠
③ ㉠㉢㉣㉡
④ ㉣㉢㉡㉠
⑤ ㉡㉢㉠㉣

53 다음 글은 미괄식으로 짜여진 하나의 단락을 순서 없이 나열한 것이다. 이를 논리적 흐름에 맞게 재배열한 것은?

> ㉠ 그리고 수렴된 의도를 합리적으로 처리해야 할 것이다.
> ㉡ 민주주의는 결코 하루아침에 이룩될 수 없다는 것을 느낀다.
> ㉢ 그렇게 본다면 이 땅에서의 민주 제도는 너무나 짧은 역사를 가지고 있다.
> ㉣ 민주주의가 비교적 잘 실현되고 있는 서구 각국의 역사를 돌아보아도 그러하다.
> ㉤ 우리의 의식 또한 확고하게 위임된 책임과 의무를 깊이 깨닫고, 민중의 뜻을 남김없이 수렴하여야 한다.
> ㉥ 민주주의는 정치, 경제, 사회의 제도 자체에서 고루 이루어져야 할 것임은 물론, 우리들의 의식 속에서 이루어져야 하기 때문이다.

① ㉡㉢㉥㉠㉣㉤
② ㉡㉥㉢㉣㉤㉠
③ ㉡㉣㉥㉢㉤㉠
④ ㉡㉣㉤㉠㉥㉢
⑤ ㉡㉥㉤㉣㉠

54 다음 밑줄 친 ㉠~㉤ 중 문맥상 의미가 나머지 넷과 다른 것은?

> 코페르니쿠스 이론은 그가 죽은 지 거의 1세기가 지나도록 소수의 ㉠전향자밖에 얻지 못했다. 뉴턴의 연구는 '프린키피아(principia)'의 출간 이후 반세기가 넘도록, 특히 대륙에서는 일반적으로 ㉡수용되지 못했다. 프리스틀리는 산소이론을 전혀 받아들이지 않았고, 켈빈 경 역시 전자기 이론을 ㉢인정하지 않았으며, 이 밖에도 그런 예는 계속된다. 다윈은 그의 '종의 기원' 마지막 부분의 유난히 깊은 통찰력이 드러나는 구절에서 이렇게 적었다. "나는 이 책에서 제시된 견해들이 진리임을 확신하지만…… 오랜 세월 동안 나의 견해와 정반대의 관점에서 보아 왔던 다수의 사실들로 머릿속이 꽉 채워진 노련한 자연사 학자들이 이것을 믿어주리 라고는 전혀 ㉣기대하지 않는다. 그러나 나는 확신을 갖고 미래를 바라본다. 편견 없이 이 문제의 양면을 모두 볼 수 있는 젊은 신진 자연사 학자들에게 기대를 건다." 그리고 플랑크는 그의 '과학적 자서전'에서 자신의 생애를 돌아보면서, 서글프게 다음과 같이 술회하고 있다. "새로운 과학적 진리는 그 반대자들을 납득시키고 그들을 이해시킴으로써 ㉤승리를 거두기보다는, 오히려 그 반대자들이 결국에 가서 죽고 그것에 익숙한 세대가 성장하기 때문에 승리하게 되는 것이다."

① ㉠
② ㉡
③ ㉢
④ ㉣
⑤ ㉤

55 다음 글에서 논리 전개상 불필요한 문장은?

> 민담은 등장인물의 성격 발전에 대해서는 거의 중점을 두지 않는다. ⊙민담에서 과거 사건에 대한 정보는 대화나 추리를 통해서 드러난다. ⊙동물이든 인간이든 등장인물은 대체로 그들의 외적 행위를 통해서 그 성격이 뚜렷하게 드러난다. ⓒ민담에서는 등장인물의 내적인 동기에 대해서는 전혀 관심을 기울이지 않는다. ⓔ늑대는 크고 게걸스럽고 교활한 반면 아기 염소들은 작고 순진하며 잘 속는다. ⑩말하자면 이들의 속성은 이미 정해져 있어서 민담의 등장인물은 현명함과 어리석음, 강함과 약함, 부와 가난 등 극단적으로 대조적인 양상을 보여 준다.

① ⊙
② ⊙
③ ⓒ
④ ⓔ
⑤ ⑩

56 다음 글의 괄호 안에 들어갈 문장으로 가장 적절한 것은?

> (   ) 사람과 사람이 직접 얼굴을 맞대고 하는 접촉이 라디오나 텔레비전 등의 매체를 통한 접촉보다 결정적인 영향력을 미친다는 것이 일반적인 견해로 알려져 있다. 매체는 어떤 마음의 자세를 준비하게 하는 구실을 하여 나중에 직접 어떤 사람에게서 새 어형을 접했을 때 그것이 텔레비전에서 자주 듣던 것이면 더 쉽게 그쪽으로 마음의 문을 열게 하는 면에서 영향력을 행사하기는 하지만, 새 어형이 전파되는 것은 매체를 통해서보다 상면하는 사람과의 직접적인 접촉에 의해서라는 것이 더 일반화된 견해이다. 사람들은 한 두 사람의 말만 듣고 언어 변화에 가담하지는 않는다고 한다. 주위의 여러 사람들이 다 같은 새 어형을 쓸 때 비로소 그것을 받아들이게 된다고 한다. 매체를 통해서보다 자주 접촉하는 사람들을 통해 언어 변화가 진전된다는 사실은 언어 변화의 여러 면을 바로 이해하는 한 핵심적인 내용이라 해도 좋을 것이다.

① 언어 변화는 결국 접촉에 의해 진행되는 현상이다.
② 연령층으로 보면 대개 젊은 층이 언어 변화를 주도한다.
③ 접촉의 형식도 언어 변화에 영향을 미티는 요소로 지적되고 있다.
④ 매체의 발달이 언어 변화에 중요한 영향을 미치는 것으로 알려져 있다.
⑤ 언어 변화는 외부와의 접촉이 극히 제한되어 있는 곳일수록 그 속도가 느리다.

57 다음 중 (A)가 들어갈 위치로 가장 적절한 것은?

> (A) 일어난 일에 대한 묘사는 본 사람이 무엇을 중요하게 판단하고, 무엇에 흥미를 가졌느냐에 따라 크게 다르다.

> 기억이 착오를 일으키는 프로세스는 인상적인 사물을 받아들이는 단계부터 이미 시작된다. ㈎ 감각적인 지각의 대부분은 무의식 중에 기록되고 오래 유지되지 않는다. ㈏ 대개는 수 시간 안에 사라져 버리며, 약간의 본질만이 남아 장기 기억이 된다. 무엇이 남을지는 선택에 의해서이기도 하고, 그 사람의 견해에 따라서도 달라진다. ㈐ 분주하고 정신이 없는 장면을 보여 주고, 나중에 그 모습에 대해서 이야기하게 해보자. ㈑ 어느 부분에 주목하고, 또 어떻게 그것을 해석했는지에 따라 즐겁기도 하고 무섭기도 하다. ㈒ 단순히 정신 사나운 장면으로만 보이는 경우도 있다. 기억이란 원래 일어난 일을 단순하게 기록하는 것이 아니다.

① ㈎　　　　　　　　　　　　② ㈏
③ ㈐　　　　　　　　　　　　④ ㈑
⑤ ㈒

58 다음 글을 읽고 등장인물들의 정서를 고려할 때 ( ) 안에 들어갈 가장 적절한 것은?

> 그는 얼마 전에 살고 있던 전셋집을 옮겼다고 했다. 그래 좀 늘려 갔느냐 했더니 한 동네에 있는 비슷한 집으로 갔단다. 요즘 같은 시절에 줄여 간 게 아니라면 그래도 잘된 게 아니냐 했더니 반응이 신통치를 않았다. 집이 형편없이 낡았다는 것이다. 아무리 낡았다고 해도 설마 무너지기야 하랴 하고 웃자 그도 따라 웃는다. 큰 아파트가 무너졌다는 얘기를 들었어도 그가 살고 있는 단독주택 같은 집이 무너진다는 건 상상하기 힘들었을 테고, 또 (   ) 웃었을 것이다.

① 드디어 자기 처지를 진정으로 이해하기 시작했다고 생각하고
② 낡았다는 것을 무너질 위험이 있다는 뜻으로 엉뚱하게 해석한 데 대해
③ 이 사람이 지금 그걸 위로라고 해 주고 있나 해서
④ 설마 설마 하다가 정말 무너질 수도 있겠구나 하는 생각에
⑤ 하늘이 무너져도 솟아날 구멍이 있다는 속담이 생각나서

59 다음 글을 순서대로 바르게 배열한 것은?

> ○ 과거에는 종종 언어의 표현 기능 면에서 은유가 연구되었지만, 사실 은유는 말의 본질적 상태 중 하나이다.
>
> ○ '토대'와 '상부 구조'는 마르크스주의에서 기본 개념들이다. 데리다가 보여 주었듯이, 지어 철학에도 은유가 스며들어 있는데 단지 인식하지 못할 뿐이다.
>
> ○ 어떤 이들은 기술과학 언어에는 은유가 없어야 한다고 역설하지만, 은유적 표현들은 언어 그 자체에 깊이 뿌리박고 있다.
>
> ○ 언어는 한 종류의 현실에서 또 다른 현실로 이동함으로써 그 효력을 발휘하며, 따라서 본질적으로 은유적이다.
>
> ○ 예컨대 우리는 조직에 대해 생각할 때 습관적으로 위니 아랫니 하며 공간적으로 생각하게 된다. 우리는 이론이 마치 건물인 양 생각하는 경향이 있어서 기반이나 기본구조 등을 말한다.

① ㉠-㉡-㉤-㉣-㉢
② ㉠-㉢-㉡-㉤-㉣
③ ㉣-㉤-㉢-㉠-㉡
④ ㉠-㉣-㉢-㉤-㉡
⑤ ㉣-㉠-㉢-㉡-㉤

60 다음 글의 문단 (가)와 (나)의 내용상의 관계를 가장 잘 표현한 것은?

> (가) 20세기 후반, 복잡한 시스템에 관한 연구에 몰두하던 일련의 물리학자들은 기존의 경제학 이론으로는 설명할 수 없었던 경제현상을 이해하기 위해 물리적인 접근을 시도하기 시작했다. 보이지 않는 손과 시장의 균형, 완전한 합리성 등 신고전 경제학은 숨막힐 정도로 정교하고 아름답지만, 불행히도 현실 경제는 왈라스나 애덤 스미스가 꿈꿨던 '한 치의 오차도 없이 맞물려 돌아가는 톱니바퀴'가 아니다. 물리학자들은 인산 세상의 불합리함과 혼잡함에 관심을 가지고 그것이 만들어 내는 패턴들과 열린 가능성에 주목했다.
>
> (나) 우리가 주류 경제학이라고 부르는 것은 왈라스 이후 체계가 잡힌 신고전 경제학을 말한다. 이 이론에 의하면, 모든 경제주체는 완전한 합리성으로 무장하고 있으며, 항상 최선의 선택을 하며, 자신의 효용이나 이윤을 최적화한다. 개별 경제주체의 공급곡선과 수요곡선을 합하면 시장에서의 공급곡선과 수요곡선이 얻어진다. 이 두 곡선이 만나는 점에서 가격과 판매량이 동시에 결정된다. 더 나아가 모든 주체가 합리적 판단을 하기 때문에 모든 시장은 동시에 균형에 이르게 된다.

① (가)보다 (나)가 경제공황을 더 잘 설명한다.
② (가)로부터 (나)가 필연적으로 도출된다.
③ (나)는 (가)의 한 부분에 대한 부연설명이다.
④ (나)는 (가)를 수학적으로 다시 설명한 것이다.
⑤ (나)는 실제 상황을, (가)는 가정된 상황을 서술한 것이다.

61 다음 글의 괄호 안에 들어갈 말이 순서대로 바르게 나열된 것은?

> 공명과 한니발의 현실에서의 (㉠)였음에도 사람들 입에 오르내린 가장 큰 이유는 그들의 삶이 남자들의 로망이기 때문일 것이다. 위대한 천재가 거의 개인적인 힘 하나로 자신의 몸을 돌보지 않고 거대한 제국에 도전한다는 것! 그들은 (㉡)의 크기로 싸운 것이 아니라 (㉢)의 크기로 싸웠다. 그들의 의지와 기량은 당대인들에게 깊은 인상을 심어주었고 후세인들에게 진한 감동을 남겼다.
> 로마는 한니발을 무서워했지 카르타고를 두려워하지 않았다. 위나라 역시 촉한이 아니라 공명 개인을 두려워했다. 그런 이유로 두 영웅은 적으로부터도 존경과 경외의 대상이 되었다. … (중략) … 하지만 개인의 힘은 한계가 있을 수밖에 없고 따라서 그들의 (㉣)는 어쩌면 당연한 것인지도 모른다.

　　　　　㉠　　　㉡　　　㉢　　　㉣
① 패배자 – 인물 – 국가 – 패배
② 승리자 – 인물 – 국가 – 승리
③ 승리자 – 국가 – 인물 – 승리
④ 패배자 – 국가 – 인물 – 패배
⑤ 패배자 – 국가 – 인물 – 승리

62 다음 글을 순서대로 바르게 나열한 것은?

⊙ 언어는 의사소통의 기능에 따라서 듣고 말하거나 읽고 쓰는 것으로 나뉜다. 이 네 가지 기능은 언어 교육에서 가장 중요한 교육 단위이자 목표가 된다. 그런데 우리가 익히 아는 것처럼 의사소통을 위해서 잘 듣고 이야기하는 능력을 갖추고, 읽고 이해하는 동시에 생각과 판단을 글로 작성해 내는 능력까지 갖추는 것은 결코 쉬운 일이 아니다.

ⓛ 최고의 방법은 멀리 있지 않다. 영역별로 초점화해서 교육의 중점을 세울 때 통합적 관점에서 한 번 더 고민하면 된다. 그리고 영역별 성취 목표를 분명히 제시하여 학습자가 그날 배운 표현을 사용해서 듣고, 읽으면서 이해하는 동시에 말하고 쓸 수 있게 해 주면 된다.

ⓒ 교육 차원에서 이들 네 영역에 대한 연구는 모국어는 물론 외국어 교육에서 매우 상세하고 자세하게 논의되어 왔다. 하지만 직접 적용 가능해 보이는 이들 연구의 결과들은 그 상세함과는 상관없이 한국어의 특수성에 맞게 조정될 필요가 있다.

ⓔ 고려히면 할수록 수업은 정밀해지고 활기차게 된다. 기능 영역에 대한 고민과 성찰은 마법 같은 결과를 가져다 줄 수 있다.

ⓜ 어휘와 문법에 대한 이해를 바탕으로 하여 상황에 맞게 대화를 이끌어가는 듣기와 말하기, 글을 읽고 판단하고 이해하고 추론하는 읽기 그리고 자신의 생각, 지식, 의도 등을 목적에 맞게 쓰는 능력을 교수 학습하는 것은 상세한 계획과 이의 적용 방법이 매우 잘 조직되어야 가능한 것이다.

ⓗ 사실 이러한 관점에서 이미 영역별로 매우 많은 연구가 진행되어 왔다. 문제는 이들 연구의 성과가 한국어 교실 현장에 즉각적으로 반영되지 않는다는 것에 있다. 앞으로 교실 현장을 이끌어가기 위해 교사는 기능 영역에 대한 명확한 이해와 함께 가르치는 방법을 잘 이해하고 있어야 한다.

① ㉠㉢㉣㉡㉥㉤
② ㉡㉠㉢㉤㉣㉥
③ ㉠㉡㉢㉣㉢㉥
④ ㉠㉤㉥㉡㉢㉣
⑤ ㉠㉢㉥㉡㉣㉤

63 다음 문장의 문맥상 (   ) 안에 들어갈 단어로 가장 적절한 것은?

> 작고 연약한 존재나 거창하지 않고 평범한 행위들이 때때로 강인한 힘을 (   )한다. 대개 이런 작은 존재들은 무언가에 가려져 있고, 평범한 행위들은 일상적인 삶으로 여겨진다.

① 발사   ② 발생
③ 발휘   ④ 발견
⑤ 발진

64 다음 빈칸에 들어갈 알맞은 단어는?

> 자연의 순리를 파괴하고 건설된 현대 문명사회는 (   )한 경쟁과 강자에 의한 약자 지배가 심화되고 있다. 그러나 자연의 다양한 생명들은 생겨난 그대로의 모습으로 조화를 이루고 있으며, 서로 의존하면서 하나의 생명 공동체를 이룬다.

① 과도   ② 다양
③ 무한   ④ 의도
⑤ 나약

65 다음 글의 내용과 일치하지 않는 것은?

사진이 등장하면서 회화는 대상을 사실적으로 재현(再現)하는 역할을 사진에 넘겨주게 되었고, 그에 따라 화가들은 회화의 의미에 대해 고민하게 되었다. 19세기 말 등장한 인상주의와 후기 인상주의는 전통적인 회화에서 중시되었던 사실주의적 회화 기법을 거부하고 회화의 새로운 경향을 추구하였다.

인상주의 화가들은 색이 빛에 의해 시시각각 변화하기 때문에 대상의 고유한 색은 존재하지 않는다고 생각하였다. 인상주의 화가 모네는 대상을 사실적으로 재현하는 회화적 전통에서 벗어나기 위해 빛에 따라 달라지는 사물의 색채와 그에 따른 순간적 인상을 표현하고자 하였다.

모네는 대상의 세부적인 모습보다는 전체적인 느낌과 분위기, 빛의 효과에 주목했다. 그 결과 빛에 의한 대상의 순간적 인상을 포착하여 대상을 빠른 속도로 그려 내었다. 그에 따라 그림에 거친 붓 자국과 물감을 덩어리로 찍어 바른 듯한 흔적이 남아 있는 경우가 많았다. 이로 인해 대상의 윤곽이 뚜렷하지 않아 색채 효과가 형태 묘사를 압도하는 듯한 느낌을 준다. 이와 같은 기법은 그가 사실적 묘사에 더 이상 치중하지 않았음을 보여 주는 것이었다. 그러나 모네 역시 대상을 '눈에 보이는 대로' 표현하려 했다는 점에서 이전 회화에서 추구했던 사실적 표현에서 완전히 벗어나지는 못했다는 평가를 받았다.

후기 인상주의 화가들은 재현 위주의 사실적 회화에서 근본적으로 벗어나는 새로운 방식을 추구하였다. 후기 인상주의 화가 세잔은 "회화에는 눈과 두뇌가 필요하다. 이 둘은 서로 도와야 하는데, 모네가 가진 것은 눈뿐이다." 라고 말하면서 사물의 눈에 보이지 않는 형태까지 찾아 표현하고자 하였다. 이러한 시도는 회화란 지각되는 세계를 재현하는 것이 아니라 대상의 본질을 구현해야 한다는 생각에서 비롯되었다. 세잔은 하나의 눈이 아니라 두 개의 눈으로 보는 세계가 진실이라고 믿었고, 두 눈으로 보는 세계를 평면에 그리려고 했다. 그는 대상을 전통적 원근법에 억지로 맞추지 않고 이중 시점을 적용하여 대상을 다른 각도에서 바라보려 하였고, 이를 한 폭의 그림 안에 표현하였다. 또한 질서 있는 화면 구성을 위해 대상의 선택과 배치가 자유로운 정물화를 선호하였다.

세잔은 사물의 본질을 표현하기 위해서는 '보이는 것'을 그리는 것이 아니라 '아는 것'을 그려야 한다고 주장하였다. 그 결과 자연을 관찰하고 분석하여 사물은 본질적으로 구, 원통, 원뿔의 단순한 형태로 이루어졌다는 결론에 도달하였다. 이를 회화에서 구현하기 위해 그는 이중 시점에서 더 나아가 형태를 단순화하여 대상의 본질을 표현하려 하였고, 윤곽선을 강조하여 대상의 존재감을 부각하려 하였다. 회화의 정체성에 대한 고민에서 비롯된 그의 이러한 화풍은 입체파 화가들에게 직접적인 영향을 미치게 되었다.

① 사진은 화가들이 회화의 의미를 고민하는 계기가 되었다.
② 전통 회화는 대상을 사실적으로 묘사하는 것을 중시했다.
③ 모네의 작품은 색채 효과가 형태 묘사를 압도하는 듯한 느낌을 주었다.
④ 모네는 대상의 고유한 색 표현을 위해서 전통적인 원근법을 거부하였다.
⑤ 세잔은 사물이 본질적으로 구, 원통, 원뿔의 형태로 구성되어 있다고 보았다.

66 다음 밑줄 친 부분과 같은 의미로 사용된 것은?

조선 전기에는 여행자가 먹고 자고 쉴 수 있는 휴게소를 '원'이라고 불렀다. 조선 전기에는 원 이외에 여행자를 위한 휴게 시설이 따로 없었으므로 원을 이용하지 못하는 민간인 여행자들은 여염집 대문 앞에서 "지나가는 나그네인데, 하룻밤 묵어 갈 수 있겠습니까?"라고 물어 숙식을 해결할 수밖에 없었다. 그러나 임진왜란과 병자호란을 <u>거치면서</u> 점사라는 민간 주막이나 여관이 생기고, 관리들도 지방 관리의 대접을 받아 원의 이용이 줄어들게 되면서 원의 역할은 점차 사라지고 지명에 그 흔적만 남게 되었다.

① 칡덩굴이 발에 <u>거치다.</u>
② 가장 어려운 문제를 해결했으니 이제 특별히 <u>거칠</u> 문제는 없다.
③ 대구를 <u>거쳐</u> 부산으로 가다.
④ 일단 기숙사 학생들의 편지는 사감 선생님의 손을 <u>거쳐야</u> 했다.
⑤ 학생들은 초등학교부터 중학교, 고등학교를 <u>거쳐</u> 대학에 입학하게 된다.

67 다음 글을 통해 알 수 있는 내용으로 적절하지 않은 것은?

> '쓰는 문화'가 책의 문화에서 가장 우선이다. 쓰는 이가 없이는 책이 나올 수가 없다. 그러나 지혜를 많이 갖고 있다는 것과 그것을 글로 옮길 줄 아는 것은 별개의 문제이다. 엄격하게 이야기해서 지혜는 어떤 한 가지 일에 지속적으로 매달린 사람이면 누구나 머릿속에 쌓아두고 있는 것이다. 하지만 그것을 글로 옮기기 위해서는 특별하고도 고통스러운 훈련이 필요하다. 생각을 명료하게 정리할 줄과 글맥을 이어갈 줄 알아야 하며, 그리고 줄기찬 노력을 바칠 준비가 되어 있어야 한다. 모든 국민이 책 한 권을 남길 수 있을 만큼 쓰는 문화가 발달한 사회가 도래하면, 그때에는 지혜의 르네상스가 가능할 것이다.
> '읽는 문화'의 실종, 그것이 바로 현대의 특징이다. 신문의 판매 부수가 날로 떨어져 가는 반면에 텔레비전의 시청률은 날로 증가하고 있다. 깨알 같은 글로 구성된 200쪽 이상의 책보다 그림과 여백이 압도적으로 많이 들어간 만화책 같은 것이 늘어나고 있다. 보는 문화가 읽는 문화를 대체해 가고 있다. 읽는 일에는 피로가 동반되지만 보는 놀이에는 휴식이 따라온다. 일을 저버리고 놀이만 좇는 문화가 범람하고 있지 않는가. 보는 놀이가 머리를 비게 하는 것은 너무나 당연하다. 읽는 일이 장려되지 않는 한 생각 없는 사회로 치달을 수밖에 없다. 책의 문화는 바로 읽는 일과 직결되며, 생각하는 사회를 만드는 지름길이다.

① 지혜가 많은 사람이라고 해서 반드시 글을 쓰는 것은 아니다.
② 쓰는 문화가 발달한 사회라야 지혜의 르네상스가 펼쳐진다.
③ 현대는 읽는 문화보다 보는 문화가 더 발달해 있다.
④ 읽는 일이 장려되지 않으면 생각 없는 사회가 될 수 있다.
⑤ 생각하는 사회는 읽는 문화가 아니라 보는 문화가 만든다.

68 다음 중 유사한 속담끼리 연결된 것이 아닌 것은?

① 겨울바람이 봄바람보고 춥다고 한다. – 가랑잎이 솔잎더러 바스락거린다고 한다.
② 사공이 많으면 배가 산으로 올라간다. – 우물에 가서 숭늉 찾는다.
③ 같은 값이면 다홍치마 – 같은 값이면 껌정소 잡아먹는다.
④ 구슬이 서 말이라도 꿰어야 보배라 – 가마 속의 콩도 삶아야 먹는다.
⑤ 백지장도 맞들면 낫다. – 동냥자루도 마주 벌려야 들어간다.

69 다음 글을 읽고 추론한 내용으로 가장 적절한 것은?

> 한 연구원이 어떤 실험을 계획하고 참가자들에게 이렇게 설명했다. "여러분은 지금부터 둘씩 조를 지어 함께 일을 하게 됩니다. 여러분의 파트너는 다른 작업장에서 여러분과 똑같은 일을, 똑같은 노력을 기울여 할 것입니다. 이번 실험에 대한 보수는 각 조당 5만 원입니다."
>
> 실험 참가자들이 작업을 마치자 연구원은 참가자들을 세 부류로 나누어 각각 2만 원, 2만 5천원, 3만 원의 보수를 차등 지급하면서, 그들이 다른 작업장에서 파트너가 받은 액수를 제외한 나머지 보수를 받은 것으로 믿게 하였다.
>
> 그 후 연구원은 실험 참가자들에게 몇 가지 설문을 했다. '보수를 받고 난 후에 어떤 기분이 들었는지, 나누어 받은 돈이 공정하다고 생각하는지'를 묻는 것이었다. 연구원은 설문을 하기 전에 3만 원을 받은 참가자가 가장 행복할 것이라고 예상했다. 그런데 결과는 예상과 달랐다. 3만 원을 받은 사람은 2만 5천 원을 받은 사람보다 덜 행복해 했다. 자신이 과도하게 보상을 받아 부담을 느꼈기 때문이다. 2만 원을 받은 사람도 덜 행복해 한 것은 마찬가지였다. 받아야 할 만큼 충분히 받지 못했다고 생각했기 때문이다.

① 인간은 남보다 능력을 더 인정받을 때 더 행복해 한다.
② 인간은 타인과 협력할 때 더 행복해 한다.
③ 인간은 상대를 위해 자신의 몫을 양보했을 때 더 행복해 한다.
④ 인간은 공평한 대우를 받을 때 더 행복해 한다.
⑤ 인간은 타인과의 관계를 중요하게 생각하지 않는다.

70 다음 글의 ㉠ ~ ㉤ 중 글의 흐름으로 보아 삭제해도 되는 문장은?

> ㉠ 토의는 어떤 공통된 문제에 대해 최선의 해결안을 얻기 위하여 여러 사람이 의논하는 말하기 양식이다. ㉡ 패널 토의, 심포지엄 등이 그 대표적 예이다. ㉢ 토의가 여러 사람이 모여 공동의 문제를 해결하는 것이라면 토론은 의견을 모으지 못한 어떤 쟁점에 대하여 찬성과 반대로 나뉘어 각자의 주장과 근거를 들어 상대방을 설득하는 것이라 할 수 있다. ㉣ 패널 토의는 3 ~ 6인의 전문가들이 사회자의 진행에 따라, 일반 청중 앞에서 토의 문제에 대한 정보나 지식, 의견이나 견해 등을 자유롭게 주고받는 유형이다. ㉤ 심포지엄은 전문가가 참여한다는 점, 청중과 질의 · 응답 시간을 갖는다는 점에서는 패널토의와 비슷하다. 다만 전문가가 토의 문제의 하위 주제에 대해 서로 다른 관점에서 연설이나 강연의 형식으로 10분 정도 발표한다는 점에서는 차이가 있다.

① ㉠   ② ㉡
③ ㉢   ④ ㉣
⑤ ㉤

71 다음 글의 제목으로 가장 적절한 것은?

> 평화로운 시대에 시인의 존재는 문화의 비싼 장식일 수 있다. 그러나 시인의 조국이 비운에 빠졌거나 통일을 잃었을 때 시인은 장식의 의미를 떠나 민족의 예언가가 될 수 있고, 민족혼을 불러일으키는 선구자적 지위에 놓일 수도 있다. 예를 들면 스스로 군대를 가지지 못한 채 제정 러시아의 가혹한 탄압 아래 있던 폴란드 사람들은 시인의 존재를 민족의 재생을 예언하고 굴욕스러운 현실을 탈피하도록 격려하는 예언자로 여겼다. 또한 통일된 국가를 가지지 못하고 이산되어 있던 이탈리아 사람들은 시성 단테를 유일한 '이탈리아'로 숭앙했고, 제1차 세계대전 때 독일군의 잔혹한 압제 하에 있었던 벨기에 사람들은 베르하렌을 조국을 상징하는 시인으로 추앙하였다.

① 시인의 운명(運命)　　　　② 시인의 생명(生命)
③ 시인의 사명(使命)　　　　④ 시인의 혁명(革命)
⑤ 시인의 숙명(宿命)

72 다음의 상황에 어울리는 한자 성어로 가장 적절한 것은?

> 김만중의 '사씨남정기'에서 사씨는 교씨의 모함을 받아 집에서 쫓겨난다. 사악한 교씨는 문객인 동청과 작당하여 남편인 유한림마저 모함한다. 그러나 결국은 교씨의 사악함이 만천하에 드러나고 유한림이 유배지에서 돌아오자 교씨는 처형되고 사씨는 누명을 벗고 다시 집으로 돌아오게 된다.

① 사필귀정(事必歸正)　　　　② 남가일몽(南柯一夢)
③ 여리박빙(如履薄氷)　　　　④ 삼순구식(三旬九食)
⑤ 상전벽해(桑田碧海)

73 다음 속담 중 반의어가 사용된 것은?

① 한 술 밥에 배 부르랴
② 지렁이도 밟으면 꿈틀한다
③ 되로 주고 말로 받는다
④ 좋은 약은 입에 쓰다
⑤ 자랄 나무는 떡잎부터 알아본다

74 다음 빈칸에 공통적으로 들어갈 관용구로 알맞은 것은?

- 그녀는 몹시 긴장되는지 수척한 얼굴을 쓰다듬으며 ＿＿＿＿＿＿＿.
- 즉각적인 대답을 듣지 못한 철원네는 성마른 표정을 지으며＿＿＿＿＿＿＿.

① 타관을 타다
② 마른침을 삼키다
③ 자개바람이 일다
④ 사개가 맞다
⑤ 나무람을 타다

75 다음 글에 포함되지 않은 내용은?

복싱은 사각의 링 안에서 손으로 상대방의 신체 전면(前面) 벨트 위쪽을 가격하여 승패를 겨루는 스포츠이다. 복싱은 공이나 다른 기구를 이용하는 경기와는 다르게 몸과 몸이 순간적으로 부딪치면서 이루어지기 때문에 여느 경기보다 민첩성과 순발력이 중요한 경기이다. 초기 형태의 복싱에 관한 기록은 기원전 2500년경부터 나타나기 시작했으며 당시 그리스에서는 오늘날의 복싱과 레슬링을 혼합시킨 판크라치온이라는 경기와 함께 고대올림픽의 한 종목으로 복싱을 채택하였다. 하지만 로마시대에는 직업적인 선수들이 등장하여 잔혹한 시합을 벌인 까닭에 로마 황제에 의해 공식적으로 금지되기도 했지만 비공식적으로는 계속 행해졌다. 그리고 16세기에 들어 영국에서 복싱이 재현되어 마침내 1865년 퀸즈베리 규칙을 통해 현대 복싱경기 규칙의 기초가 마련되었다. 복싱의 경기규칙은 아마추어 복싱의 경우 3분 3회전에 1분의 휴식이 주어진다. 승부는 정권(正拳)으로 벨트라인 위를 가격한 유효타로 판정되는데 판정의 종류는 판정승, 기권승, 주심의 경기중단, 실격승, KO승, 부전승 등이 있다.

① 복싱의 경기규칙
② 복싱의 정의
③ 복싱의 복장
④ 복싱 판정의 종류
⑤ 복싱의 역사

76 다음 주어진 문장이 들어갈 위치로 가장 적절한 곳은?

최근 제2금융권을 중심으로 전·월세 보증금과 생활비 마련을 위해 빚으로 빚을 갚는 가계 대출이 늘어난 탓이다.

국내 가계부채는 이미 심각한 수준이다. ㈎ 이달 들어 1,000조 원을 돌파한 것으로 추정된다. ㈏ 최근 수년째 소득이 훨씬 더 빠른 속도로 늘고 있고, 가계대출 중 금리가 높은 비은행권 대출 비중이 급증하고 있어 대출의 질도 나빠지고 있다. ㈐ 특히 가계대출의 60%가 주택 관련 대출이고, 이 가운데 70% 이상이 금리 변동에 영향을 받는 변동 금리 대출이다. ㈑ 이런 상황에서 금리가 오르면 저소득층은 직격탄을 맞게 된다. ㈒ 정부도 사태의 심각성을 인정해 내년 경제정책에서 가계부채 문제를 우선 해결키로 했다.

① ㈎
② ㈏
③ ㈐
④ ㈑
⑤ ㈒

77 다음 글에 대한 이해로 적절하지 않은 것은?

> 탄수화물은 사람을 비롯한 동물이 생존하는 데 필수적인 에너지원이다. 탄수화물은 섬유소와 비섬유소로 구분된다. 사람은 체내에서 합성한 효소를 이용하여 곡류의 녹말과 같은 비섬유소를 포도당으로 분해하고 이를 소장에서 흡수하여 에너지원으로 이용한다. 반면, 사람은 풀이나 채소의 주성분인 셀룰로오스와 같은 섬유소를 포도당으로 분해하는 효소를 합성하지 못하므로, 섬유소를 소장에서 이용하지 못한다. 소, 양, 사슴과 같은 반추 동물도 섬유소를 분해하는 효소를 합성하지 못하는 것은 마찬가지이지만, 비섬유소와 섬유소를 모두 에너지원으로 이용하며 살아간다.
>
> 위가 넷으로 나누어진 반추 동물의 첫째 위인 반추위에는 여러 종류의 미생물이 서식하고 있다. 반추 동물의 반추위에는 산소가 없는데, 이 환경에서 왕성하게 생장하는 반추위 미생물들은 다양한 생리적 특성을 가지고 있다. 그 중 피브로박터숙시노젠은 섬유소를 분해하는 대표적인 미생물이다. 식물체에서 셀룰로오스는 그것을 둘러싼 다른 물질과 복잡하게 얽혀 있는데, 피브로박터숙시노젠이 가진 효소 복합체는 이 구조를 끊어 셀룰로오스를 노출시킨 후 이를 포도당으로 분해한다. 피브로박터숙시노젠은 이 포도당을 자신의 세포 내에서 대사 과정을 거쳐 에너지원으로 이용하여 생존을 유지하고 개체 수를 늘임으로써 생장한다. 이런 대사 과정에서 아세트산, 숙신산 등이 대사산물로 발생하고 이를 자신의 세포 외부로 배출한다. 반추위에서 미생물들이 생성한 아세트산은 반추 동물의 세포로 직접 흡수되어 생존에 필요한 에너지를 생성하는 데 주로 이용되고 체지방을 합성하는 데에도 쓰인다.

① 탄수화물은 동물이 생존하는 데 필수적인 에너지원이다.
② 사람은 셀룰로오스와 같은 섬유소를 포도당으로 분해하는 효소를 합성하지 못한다.
③ 반추위 미생물들은 다양한 생리적 특성을 가지고 있다.
④ 아세트산은 체지방을 합성하는 데에도 쓰인다.
⑤ 피브로박터숙시노젠은 포도당을 에너지원으로 이용하여 개체 수를 줄임으로써 생장한다.

78 다음 글에 대한 이해로 적절하지 않은 것은?

> 위험 공동체의 구성원이 납부하는 보험료와 지급받는 보험금은 그 위험 공동체의 사고 발생 확률을 근거로 산정된다. 특정 사고가 발생할 확률은 정확히 알 수 없지만 그동안 발생된 사고를 바탕으로 그 확률을 예측한다면 관찰 대상이 많아짐에 따라 실제 사고 발생 확률에 근접하게 된다. 본래 보험가입의 목적은 금전적 이득을 취하는 데 있는 것이 아니라 장래의 경제적 손실을 보상받는 데 있으므로 위험 공동체의 구성원은 자신이 속한 위험 공동체의 위험에 상응하는 보험료를 납부하는 것이 공정할 것이다. 따라서 공정한 보험에서는 구성원의 각자가 납부하는 보험료와 그가 지급받을 보험금에 대한 기댓값이 일치해야 하며 구성원 전체의 보험료 총액과 보험금 총액이 일치해야 한다. 이때 보험금에 대한 기댓값은 사고가 발생할 확률에 사고 발생 시 수령할 보험금을 곱한 값이다. 보험금에 대한 보험료의 비율을 보험료율이라 하는데, 보험료율이 사고 발생 확률보다 높으면 구성원 전체의 보험료 총액이 보험금 총액보다 더 많고, 그 반대의 경우에는 구성원 전체의 보험료 총액이 보험금 총액보다 더 적게 된다. 따라서 공정한 보험에서는 보험료율과 사고 발생 확률이 같아야 한다.

① 보험가입의 목적은 장래에 금전적 이득을 취하는 데 있다.
② 보험금은 그 위험 공동체의 사고 발생 확률을 근거로 산정된다.
③ 공정한 보험은 구성원의 보험료와 지급받을 보험금의 기댓값이 일치해야 한다.
④ 보험금에 대한 기댓값은 사고가 발생할 확률에 사고 발생 시 수령할 보험금을 곱한 값이다.
⑤ 공정한 보험에서는 보험료율과 사고 발생 확률이 같아야 한다.

79 다음 빈칸에 들어갈 접속사를 바르게 고른 것은?

조선왕조는 백성을 나라의 근본으로 존중하는 민본정치(民本政治)의 이념을 구현하는 데 목표를 두었다. 하지만 건국 초기 조선왕조의 최우선적인 관심은 역시 왕권의 강화였다. 조선왕조는 고려 시대에 왕권을 제약하고 있던 2품 이상 재상들의 합의기관인 도평의사사를 폐지하고, 대간들이 가지고 있던 모든 관리에 대한 임명동의권인 서경권을 약화시켜 5품 이하 관리의 임명에만 동의권을 갖도록 제한하였다. 이는 고려 말기 약화되었던 왕권을 강화하기 위한 조치였다.

(㉠) 조선의 이러한 왕권 강화 정책은 공권 강화에 집중되어 이루어졌다. 국왕은 관념적으로는 무제한의 권력을 갖지만 실제로는 인사권과 반역자를 다스리는 권한만을 행사할 수 있었다. 이는 권력 분산과 권력 견제를 위한 군신공치(君臣共治)의 이념에 기반한 결과라 할 수 있다. 국왕은 오늘날의 국무회의에 해당하는 어전회의를 열어 국사(國事)를 논의하였다. 어전회의는 매일 국왕이 편전에 나아가 의정부, 6조 그리고 국왕을 측근에서 보필하는 시종신(侍從臣)인 홍문관, 사간원, 사헌부, 예문관, 승정원 대신들과 만나 토의하고 정책을 결정하는 상참(常參), 매일 5명 이내의 6품 이상 문관과 4품 이상 무관을 관청별로 교대로 만나 정사를 논의하는 윤대(輪對), (㉡) 매달 여섯 차례 의정부 의정, 사간원, 사헌부, 홍문관의 고급관원과 전직대신들을 만나 정책 건의를 듣는 차대(次對) 등 여러 종류가 있었다.

국왕을 제외한 최고의 권력기관은 의정부였다. 이는 중국에 없는 조선 독자의 관청으로서 여기에는 정1품의 영의정, 좌의정, 우의정 등 세 정승이 있고, 그 밑에 종1품의 좌찬성과 우찬성 그리고 정2품의 좌참찬과 우참찬 등 7명의 재상이 있었다.

의정부 밑에 행정집행기관으로 정2품의 관청인 6조를 소속시켜 의정부가 모든 관원과 행정을 총괄하는 형식을 취했다. 6조(이·호·예·병·형·공조)에는 장관인 판서(정2품)를 비롯하여 참판(종2품), 참의(정3품), 정랑(정5품), 좌랑(정6품) 등의 관원이 있었다. 의정부 다음으로 위상이 높은 것은 종1품 관청인 의금부였는데, 의금부는 왕명에 의해서만 반역 죄인을 심문할 수 있어서 왕권을 유지하는 중요한 권력기구였다.

	㉠	㉡
①	그러나	그리고
②	그런데	그래서
③	그래서	그리고
④	게다가	그래도
⑤	왜냐하면	따라서

80 다음 중 밑줄 친 단어의 의미로 적절한 것은?

고생물의 골격, 이빨, 패각 등의 단단한 조직은 부패와 속성작용에 대한 내성을 가지고 있기 때문에 화석으로 남기 쉽다. 여기서 속성작용이란 퇴적물이 퇴적분지에 운반·퇴적된 후 단단한 암석을 굳어지기까지의 물리·화학적 변화를 포함하는 일련의 과정을 일컫는다. 그러나 이들 딱딱한 조직도 지표와 해저 등에서 지하수와 박테리아의 분해 작용을 받으면 화석이 되지 않는다. 따라서 딱딱한 조직을 가진 생물은 전혀 그렇지 않은 생물보다 화석이 될 가능성이 크지만, 그것은 어디까지나 이차적인 조건이다. 화석이 되기 위해서는 우선 지질시대를 통해 고생물이 진화·발전하여 개체수가 충분히 많아야 한다. 다시 말하면, 화석이 되어 남는 고생물은 그 당시 매우 번성했던 생물인 것이다. 진화론에서 생물이 한 종에서 다른 종으로 진화할 때 중간 단계의 전이형태가 나타나지 않음은 오랫동안 문제시 되어 왔다. 이러한 '잃어버린 고리'에 대한 합리적 해석으로 엘드리지와 굴드가 주장한 단속 평형설이 있다. 이에 따르면 새로운 종은 모집단에서 변이가 누적되어 서서히 나타나는 것이 아니라 모집단에서 이탈, 새로운 환경에 도전하는 소수의 개체 중에서 비교적 이른 시간에 급속하게 출현한다. 따라서 자연히 화석으로 남을 기회가 상대적으로 적다는 것이다.

고생물의 사체가 화석으로 남기 위해서는 분해 작용을 받지 않아야 하고 이를 위해 가능한 한 급속히 퇴적물 속에 <u>매몰</u>될 필요가 있다. 대개의 경우 이러한 급속 매몰은 바람, 파도, 해류의 작용에 의한 마멸, 파괴 등의 기계적인 힘으로부터 고생물이 사체를 보호한다거나, 공기와 수중의 산소와 탄소에 의한 화학적인 분해 및 박테리아에 의한 분해, 포식동물에 의한 생물학적인 파괴를 막아 줄 가능성이 높이 때문이다. 퇴적물 속에 급속히 매몰되면 딱딱한 조직을 가지지 않은 해파리와 같은 생물도 화석으로 보존될 수 있으므로 급속 매몰이 중요한 의의를 가진다.

① 같은 종류의 것 또는 비슷한 것에 기초하여 다른 사물을 미루어 추측하는 일
② 종적을 아주 숨김
③ 어떤 사건이나 분야에서 새로운 제품이나 현상, 인물 등이 세상에 처음으로 나옴
④ 보이지 아니하게 파묻히거나 파묻음
⑤ 사람이 어떤 입장에서 마땅히 행하여야 할 바른길

81 다음 글의 핵심내용으로 가장 적절한 것은?

> 대화는 일반적이고 보편적인 방향으로 나아가기 위한 것이다. 사회의 동인은 대부분 각 주체의 고유 관심사이다. 이 같은 힘에 관심을 가진 주체로서 자신을 인식하고, 자신을 타인에게 열고, 타인과 나의 관심사를 조정하는 것은 중요한 일이다. 대화는 이러한 조정과 긴밀성이 있으며, 이러한 대화 원리의 하나가 공정성이다. 공정성은 자신과 타인의 관계 속에서 작동하기 때문에, 실천적 의미에서 일반성이다. 무엇보다 공정성은 학문적 행위에서도 중요한 요소다.
> 이전에 수행한 연구논문 뿐만 아니라, 연구 대상에 대해서도 공정성이 요구된다. 더욱 자의적으로 믿고 이해하여 상대방 혹은 상대의 연구를 오해하고 있지는 않은 지 살펴야 한다. 그리고 또 다른 원리는 창조성이다. 학문은 새로운 독창성을 요구받고 요구한다. 새로운 인식과 관계의 방향과 자세의 바람직성이 반드시 창조되어야 한다.

① 사회를 움직이는 힘과 원리는 사회 구성원의 주요 관심사다.
② 학술적 의사소통의 기본 요소는 공정성과 창조성이다.
③ 학문 여구는 공정성에 대한 감각을 끊임없이 요구한다.
④ 공정성과 창조성은 보편적인 방향으로 대화를 이끌어 가는 기본 원리이다.
⑤ 학문 연구의 기법을 학습함에 있어서 궁극적인 목표는 창조성에 있다.

82 다음 글을 읽고 알 수 있는 내용으로 적절하지 않은 것은?

인공지능이란 인간처럼 사고하고 감지하고 행동하도록 설계된 일련의 알고리즘인데, 컴퓨터의 역사와 발전을 함께 한다. 생각하는 컴퓨터를 처음 제시한 것은 컴퓨터의 아버지라 불리는 앨런 튜링(Alan Turing)이다. 앨런 튜링은 현대 컴퓨터의 원형을 제시한 인물로 알려져 있다. 그는 최초의 컴퓨터라 평가받는 에니악(ENIAC)이 등장하기 이전(1936)에 '튜링 머신'이라는 가상의 컴퓨터를 제시했다. 가상으로 컴퓨터라는 기계를 상상하던 시점부터 앨런 튜링은 인공지능을 생각한 것이다.

2016년에 이세돌 9단과 알파고의 바둑 대결이 화제가 됐지만, 튜링은 1940년대부터 체스를 두는 기계를 생각하고 있었다. 흥미로운 점은 튜링이 생각한 '체스 기계'는 경우의 수를 빠르게 계산하는 방식의 기계가 아니라 스스로 체스 두는 법을 학습하는 기계를 의미했다는 것이다. 요즘 이야기하는 머신러닝을 70년 전에 고안했던 것이다. 튜링의 상상을 약 70년 만에 현실화한 것이 '알파고'다. 이전에도 체스나 바둑을 두던 컴퓨터는 많았다. 하지만 그것들은 인간이 체스나 바둑을 두는 알고리즘을 입력한 것이었다. 이 컴퓨터들의 체스, 바둑 실력을 높이려면 인간이 더 높은 수준의 알고리즘을 제공해야 했다. 결국 이 컴퓨터들은 인간이 정해준 알고리즘을 수행하는 역할을 할 뿐이었다. 반면, 알파고는 튜링의 상상처럼 스스로 바둑 두는 법을 학습한 인공지능이다. 일반 머신러닝 알고리즘을 기반으로, 바둑의 기보를 데이터로 입력받아 스스로 바둑 두는 법을 학습한 것이 특징이다.

① 앨런 튜링이 인공지능을 생각해 낸 것은 컴퓨터의 등장 이전이다.
② 앨런 튜링은 세계 최초의 머신러닝 발명품을 고안해 냈다.
③ 알파고는 스스로 학습하는 인공지능을 지녔다.
④ 알파고는 바둑을 둘 수 있는 세계 최초의 컴퓨터가 아니다.
⑤ 알파고는 입력된 알고리즘을 바탕으로 새로운 지능적 행위를 터득한다.

83 다음 글을 통해서 내릴 수 있는 결론으로 가장 타당하지 않은 것은?

> 신혼부부 가구의 주거안정을 위해서는 우선적으로 육아·보육지원 정책의 확대·강화가 필요한 것으로 나타났다. 신혼부부 가구는 주택마련 지원정책보다 육아수당, 육아보조금, 탁아시설 확충과 같은 육아·보육지원 정책의 확대·강화가 더 필요하다고 생각하고 있으며 특히, 믿고 안심할 수 있는 육아·탁아시설 확대가 필요한 것으로 나타났다. 이는 최근 부각된 보육기관 아동학대 문제 등 사회적 분위기에 영향을 받은 것으로 사료되며, 또한 맞벌이 가구의 경우는 자녀의 안정적인 보육환경이 전제되어야만 안심하고 경제활동을 할 수 있기 때문으로 사료된다.
>
> 신혼부부 가구 중 아내의 경제활동 비율은 평균 38.3%이며, 맞벌이 비율은 평균 37.2%로 나타났다. 일반적으로 자녀 출산 시기로 볼 수 있는 혼인 3년차 부부에서 아내의 경제활동 비율이 30% 수준까지 낮아지는 경향을 보이고 있는데, 이는 자녀의 육아환경 때문으로 판단된다. 또한 외벌이 가구의 81.5%가 자녀의 육아·보육을 위해 맞벌이를 하지 않는 것으로 나타났는데, 이 역시 결혼 여성의 경제활동 지원을 위해서는 무엇보다 육아를 위한 보육시설 확대가 필요하다는 것을 시사한다. 맞벌이의 주된 목적이 주택비용 마련임을 고려할 때, 보육시설의 확대는 결혼 여성에게 경제활동 기회를 제공하여 신혼부부 가구의 경제력을 높이게 되고, 내 집 마련 시기를 앞당기는 기회를 제공할 수 있다는 점에서 중요성을 갖는다.
>
> 특히, 신혼부부 가구가 계획하고 있는 총 자녀의 수가 1.83명이나 자녀양육의 환경문제 등으로 추가적인 자녀계획을 포기하는 경우가 있을 수 있으므로 실제 이보다 낮은 자녀수를 나타낼 것으로 예상된다. 따라서 인구증가를 위한 출산장려를 위해서도 결혼 여성의 경제활동을 지원하기 위한 현재의 육아·보육지원 정책보다 강화된 국가적 차원의 배려와 관심이 필요하다고 할 수 있다.

① 육아·보육지원은 신혼부부의 주거안정을 위한 정책이다.
② 신혼부부들은 육아수당, 육아보조금 등이 주택마련 지원보다 더 필요하다고 생각한다.
③ 자녀의 보육환경이 개선되면 맞벌이 비율이 상승한다.
④ 여성에게 경제적 기원을 늘리게 되면 인구감소를 막을 수 있다.
⑤ 보육환경의 개선은 신혼부부가 내 집 마련을 보다 이른 시기에 할 수 있게 해 준다.

84 다음 글에 대한 이해로 가장 적절한 것은?

> 고대 그리스는 폴리스라는 도시 국가들로 이루어져 있었다. 폴리스는 그 중심지에는 도시가 있고 주변에는 식량을 공급해 주는 들판이 있는 작은 자치 공화국의 형태였다. 폴리스들은 공통의 언어, 문화, 종교를 바탕으로 서로 동류의식을 가졌지만 정치적 통일을 이루지는 못했다.
>
> 강성한 폴리스였던 아테네에는 중앙에 신전과 군사 시설 등이 있는 아크로폴리스, 그리고 시장이나 공공 모임 장소로 이용하던 아고라가 있었는데, 시민들은 아고라 광장에 모두 모여 공적인 문제에 대해 투표하였다. 개인이 세습하여 나라를 통치하는 군주정과 달리 아테네와 같은 공화정에서는 국가를 통치하는 지도자를 시민이 선출한다. 그러나 여기서는 인구의 일부만이 시민이었으며 아무런 권리가 없는 노예들도 매우 많았고 여자들도 정치적 원리가 없었다.
>
> 아테네의 직접 민주주의는 이처럼 적은 인구의 작은 도시 국가였기에 가능하였다. 그리스인들은 그리스 전역, 이탈리아 남부와 시실리, 지중해의 다른 해안으로 퍼져 나갔지만 그들은 통일된 정부를 두려 하거나 제국을 만들려 하지 않았다. 어디를 가든 그들은 도시 국가 형태의 폴리스를 만들었고, 어느 폴리스도 도시 국가 이상으로 커 나가지 않았다.

① 이탈리아 지역에도 폴리스가 있었다.
② 강성한 폴리스가 제국으로 성장하는 일도 있었다.
③ 고대 그리스에는 모든 폴리스를 아우르는 통일된 정부가 있었다.
④ 폴리스들은 문화와 종교가 서로 달라서 상호 간에 동류의식이 생기지 않았다.
⑤ 여자들도 지도자를 선출하는 투표에 참여하였다.

85 다음 글에 대한 이해로 적절하지 않은 것은?

우리나라 식생활에서 특이한 것은 숟가락과 젓가락을 모두 사용한다는 점이다. 오늘날 전 세계에서 맨손으로 음식을 먹는 인구가 약 40%, 나이프와 포크로 먹는 인구가 약 30%, 젓가락을 사용하는 인구가 약 30%라 한다.

그러나 처음에는 어느 민족이나 모두 음식을 손으로 집어 먹었다. 유럽도 마찬가지였다. 동로마 제국의 비잔티움에서 10세기경부터 식탁에 등장한 포크는 16세기에 이탈리아 상류 사회로 전해져 17세기 서유럽의 식생활에 상당한 변화를 일으켰으나, 신분이나 지역에 관계없이 전 유럽에 보편화된 것은 18세기에 이르러서였다. 15세기의 예절서에 음식 먹는 손의 반대편 손으로 코를 풀라고 했던 것이나, 16세기의 사상가 몽테뉴가 너무 급하게 먹다가 종종 손가락을 깨물었다는 기록으로도 당시에 포크가 아니라 손가락을 사용하였음을 알 수 있다.

그러나 동아시아 지역에서는 손으로 음식을 먹는 일이 서양보다 훨씬 일찍 사라졌다. 손 대신에 숟가락을 쓰기 시작했고, 이어서 젓가락을 만들어 숟가락과 함께 썼던 것이다. 그런데 우리나라 고려 후기를 즈음해서 중국과 일본에서는 숟가락을 쓰지 않고 젓가락만 쓰기 시작했다.

우리는 숟가락을 사용하고 있을 뿐 아니라, 지금도 숟가락을 밥상 위에 내려놓는 것으로 식사를 마쳤음을 나타낼 정도로 숟가락은 식사 자체를 의미하였다. 유독 우리나라에서만 숟가락이 사라지지 않은 것은 음식에 물기가 많고 또 언제나 밥상에 오르는 국이 있었기 때문인 듯하다.

우리의 국은 국물을 마시는 것도 있으나 대개는 건더기가 많고 밥을 말아 먹는 국이다. 미역국, 된장국, 해장국 등 거의 모든 국이 그러하다. 찌개류나 '물 만 밥'도 숟가락이 필요한 음식이다. 게다가 고려 후기에는 몽고풍의 요리가 전해져 고기를 물에 넣고 삶아 그 우러난 국물과 고기를 함께 먹는 지금의 설렁탕, 곰탕이 생겨났다. 특히 국밥은 애초부터 밥을 국에 말아 놓은 것인데 이런 식생활 풍습은 전 세계에 유일한 것이라고 한다.

① 설렁탕이나 곰탕은 몽고풍의 요리에서 유래되었다.
② 이탈리아에서 포크를 먼저 사용했던 계층은 상류층이었다.
③ 중국과 일본에서는 숟가락과 젓가락을 모두 사용하던 시기가 있었다.
④ 동아시아 지역에서는 숟가락보다 젓가락을 먼저 사용하기 시작했다.
⑤ 우리나라의 숟가락 사용은 국에 건더기가 많은 것과 밀접한 관련이 있다.

01 40cm 높이의 수조 A와 30cm 높이의 수조 B에 물이 가득 차있다. 수조 A의 물 높이는 분당 0.6cm씩 감소되고 있고, 수조 B에서도 물이 감소되고 있다. 두 수조의 물 높이가 같아지는 것이 25분 후라고 할 때, 수조 B의 물 높이는 분당 몇 cm씩 감소되고 있는가?

① 0.1cm

② 0.15cm

③ 0.2cm

④ 0.25cm

02 흰 공 5개와 검은 공 4개 중 연속하여 2개를 꺼낼 때, 첫 번째 공이 흰 공이고 두 번째 공이 검은 공일 확률은? (단, 꺼낸 공은 다시 넣지 않는다.)

① $\dfrac{1}{18}$

② $\dfrac{3}{18}$

③ $\dfrac{5}{18}$

④ $\dfrac{7}{18}$

03 7%의 소금물과 12%의 소금물로 11%의 소금물 150g을 만들려고 한다. 7%의 소금물과 12% 소금물을 각각 몇 g씩 섞어야 하는가?

① 7% 소금물 25g, 12% 소금물 125g

② 7% 소금물 30g, 12% 소금물 120g

③ 7% 소금물 35g, 12% 소금물 115g

④ 6% 소금물 40g, 12% 소금물 110g

04 철수는 집에서 12km 떨어진 민수네 집에 가기 위하여 처음에는 시속 3km로 걸어가다가 나중에는 시속 4km로 뛰어갔다. 철수네 집에서 민수네 집까지 가는 데 걸린 시간이 3시간 30분이었다면 철수가 뛰어간 거리는 얼마인가?

① 4km

② 5km

③ 6km

④ 7km

05 일의 자리의 숫자가 8인 두 자리의 자연수에서 십의 자리와 일의 자리의 숫자를 바꾸면 원래의 수의 2배보다 26만큼 크다. 이 자연수는?

① 28

② 38

③ 48

④ 58

06 아버지와 아들의 나이 합이 66이고 12년 후에는 아버지의 나이가 아들의 나이의 2배가 될 때, 현재 아들의 나이는?

① 17세

② 18세

③ 19세

④ 20세

07 미정이의 올해 연봉은 작년에 비해 20% 인상되고 500만 원의 성과급을 받았는데 이 금액은 60%의 연봉을 인상한 것과 같다면 올해 연봉은 얼마인가?

① 1,400만 원

② 1,500만 원

③ 1,600만 원

④ 1,700만 원

08 주머니에 2, 3, 4, 5, 6을 각각 한 번씩만 사용하여 만들 수 있는 모든 경우의 다섯 자리 수가 적힌 공들이 각각 하나씩 들어 있다. 임의로 공 하나를 꺼낼 때, 공에 적힌 수가 홀수일 확률은?

① $\dfrac{1}{5}$

② $\dfrac{2}{5}$

③ $\dfrac{1}{3}$

④ $\dfrac{2}{3}$

09 윤주는 오늘 도서관에 가서 300쪽짜리 위인전을 빌려 왔다. 첫날과 이튿날은 60쪽씩 읽고, 그 다음날부터는 30쪽씩 읽어서 다 읽은 후 도서관에 반납하려고 한다. 윤주가 이 책을 읽게 되는 기간은 며칠이 되는가?

① 7일

② 8일

③ 9일

④ 10일

10 어느 반 학생들 중 농구공을 가지고 있는 학생은 8명, 축구공을 가지고 있는 학생은 9명, 농구공이나 축구공을 가지고 있는 학생이 15명이라면, 농구공은 가지고 있고 축구공은 가지고 있지 않은 학생은 몇 명인가?

① 8명

② 7명

③ 6명

④ 5명

11 A가 혼자 하면 8일이 걸리고, B가 혼자 하면 12일이 걸리는 일이 있다. 이 일을 처음에는 A가 하다가 도중에 B로 교대하였더니 10일 만에 끝낼 수 있었다. 이때, B가 일한 날은 며칠인가?

① 3일

② 4일

③ 5일

④ 6일

12 어떤 마을의 총인구는 150명이다. 어른과 어린이의 비율이 2:1이고, 남자어린이와 여자어린이의 비율이 2:3일 때, 남자어린이는 몇 명인가?

① 15명   ② 20명

③ 25명   ④ 30명

Q 다음은 일정한 규칙에 따라 배열한 수열이다. 빈칸에 알맞은 것을 고르시오. 【13~25】

13

> 11 13 8   18 21 8   7 13 5   5 9 ( )

① 4   ② 5

③ 6   ④ 7

14

> C－F－L－U－( )

① B   ② D

③ G   ④ I

15

$$1 \quad 3 \quad 4 \quad 14 \quad 16 \quad 36 \quad 64 \quad 69 \quad (\quad)$$

① 88　　　　　　　　　　② 96

③ 152　　　　　　　　　　④ 256

16

$$3 \quad 4 \quad 8 \quad 9 \quad 18 \quad 19 \quad (\quad)$$

① 36　　　　　　　　　　② 37

③ 38　　　　　　　　　　④ 39

17

$$3 \quad 5 \quad 8 \quad 13 \quad 21 \quad (\quad) \quad 55$$

① 24　　　　　　　　　　② 27

③ 31　　　　　　　　　　④ 34

18

$$13 \quad 14 \quad 12 \quad 18 \quad 11 \quad 22 \quad 10 \quad (\quad)$$

① 11　　　　　　　　　　② 15

③ 24　　　　　　　　　　④ 26

19

$$-1 \quad 0 \quad 3 \quad (\quad) \quad 15 \quad 24 \quad 35$$

① 7　　　　　　　　　　　　　② 8
③ 9　　　　　　　　　　　　　④ 10

20

$$100 \quad 92 \quad 85 \quad 79 \quad 74 \quad (\quad)$$

① 70　　　　　　　　　　　　② 71
③ 72　　　　　　　　　　　　④ 73

21

$$100 \quad 99 \quad 97 \quad 94 \quad 90 \quad 85 \quad (\quad)$$

① 79　　　　　　　　　　　　② 78
③ 77　　　　　　　　　　　　④ 76

22

$$25 \quad 22 \quad 19 \quad 16 \quad 13 \quad 10 \quad (\quad)$$

① 6　　　　　　　　　　　　　② 7
③ 8　　　　　　　　　　　　　④ 9

23

1 6 3 18 9 54 (   )

① 27   ② 35
③ 78   ④ 108

24

12 (   ) 9 12 6 9

① 12   ② 13
③ 14   ④ 15

25

88 80 74 70 68 (   )

① 64   ② 66
③ 68   ④ 70

26 다음은 N국의 교육수준별 범죄자의 현황을 연도별로 나타낸 자료이다. 다음 자료를 올바르게 해석한 것은 어느 것인가?

(단위: %, 명)

구분 연도	교육수준별 범죄자 비율					범죄자 수
	무학	초등학교	중학교	고등학교	대학 이상	
1990	12.4	44.3	18.7	18.2	6.4	252,229
1995	8.5	41.5	22.4	21.1	6.5	355,416
2000	5.2	39.5	24.4	24.8	6.1	491,699
2005	4.2	27.6	24.4	34.3	9.5	462,199
2010	3.0	18.9	23.8	42.5	11.8	472,129
2015	1.7	11.4	16.9	38.4	31.6	796,726
2020	1.7	11.0	16.3	41.5	29.5	1,036,280

① 중학교 졸업자와 고등학교 졸업자인 범죄자 수는 매 시기 전체 범죄자 수의 절반에 미치지 못 하고 있다.

② 1990~2000년 기간 동안 초등학교 졸업자인 범죄자의 수는 계속 감소하였다.

③ 2010년과 2015년의 대학 이상 졸업자인 범죄자의 수는 약 3배가 조금 못 되게 증가하였다.

④ 매 시기 가장 많은 비중을 차지하는 범죄자들의 학력은 최소한 유지되거나 높아지고 있다.

Ⓠ 다음에 제시된 항공사별 운항현황을 보고 물음에 답하시오. 【27~28】

항공사	구분	2018년	2019년	2020년	2021년
AAR	운항 편(대)	8,486	8,642	8,148	8,756
	여객(명)	1,101,596	1,168,460	964,830	1,078,490
	운항거리(km)	5,928,362	6,038,761	5,761,479	6,423,765
KAL	운항 편(대)	11,534	12,074	11,082	11,104
	여객(명)	1,891,652	2,062,426	1,715,962	1,574,966
	운항거리(km)	9,112,071	9,794,531	8,972,439	8,905,408

27 AAR 항공사의 경우 항공기 1대당 수송 여객의 수가 가장 많았던 해는 언제인가?

① 2018년
② 2019년
③ 2020년
④ 2021년

28 항공기 1대당 운항 거리가 2021년과 동일하다고 했을 때, KAL 항공사가 2022년 한 해 동안 9,451,570km의 거리를 운항하기 위해서 증편해야 할 항공기 수는 몇 대인가?

① 495
② 573
③ 681
④ 709

29 다음은 문화산업부문 예산에 관한 자료이다. 다음 중 ㈜의 값을 구하면?

분야	예산(억 원)	비율(%)
출판	㈎	㈐
영상	40.85	19
게임	51.6	24
광고	㈏	31
저작권	23.65	11
총합	㈑	100

① 185　　　　　　　　　　　　② 195
③ 205　　　　　　　　　　　　④ 215

30 다음은 우리나라 여성과 남성의 연령대별 경제 활동 참가율에 대한 그래프이다. 이에 대한 설명으로 옳은 것은?

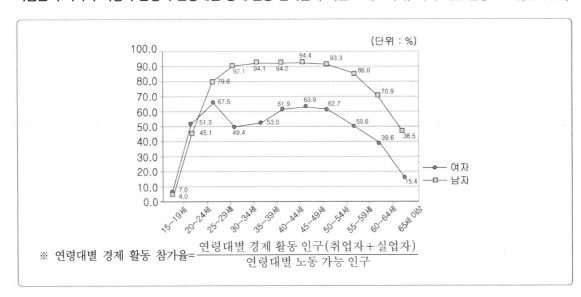

① 15~24세 남성보다 여성의 경제 활동 참여 의지가 높을 것이다.
② 59세 이후 여성의 경제 활동 참가율의 감소폭이 남성보다 크다.
③ 35세 이후 50세 이전까지 모든 연령대에서 남성보다 여성의 경제 활동 인구의 증가가 많다.
④ 25세 이후 여성의 그래프와 남성의 그래프가 다르게 나타나는 것의 원인으로 출산과 육아를 들 수 있다.

다음은 어느 무역회사의 수출 상담실적에 관한 자료이다. 물음에 답하시오. 【31~32】

구분	2020년	2021년	2022년
칠레	352	284	472
싱가포르	136	196	319
독일	650	458	724
태국	3,630	1,995	1,526
미국	307	120	273
인도	0	2,333	3,530
영국	8	237	786

31 이 무역회사의 칠레 수출 상담실적의 2022년의 증감률은? (단, 소수 둘째자리에서 반올림하시오.)

① 56.4%
② 58.2%
③ 62.4%
④ 66.2%

32 2020년 이 무역회사의 동남아 국가 수출 상담실적은 유럽 국가의 몇 배인가? (단, 소수 둘째자리에서 반올림하시오.)

① 5.3배
② 5.5배
③ 5.7배
④ 5.9배

Q 다음은 지역별 건축 및 대체에너지 설비투자 현황에 관한 자료이다. 물음에 답하시오. 【33~34】

(단위 : 건, 억 원, %)

| 지역 | 건축 건수 | 건축공사비(A) | 대체에너지 설비투자액 | | | | 대체에너지 설비투자 비율 |
			태양열	태양광	지열	합(B)	
가	12	8,409	27	140	336	503	5.98
나	14	12,851	23	265	390	678	( )
다	15	10,127	15	300	210	525	( )
라	17	11,000	20	300	280	600	5.45
마	21	20,100	30	600	450	1,080	( )

※ 대체에너지 설비투자 비율 = (B/A) × 100

33 다음 중 옳지 않은 것은?

① 건축 건수 1건당 건축공사비가 가장 많은 곳은 마 지역이다.

② 가~마 지역의 대체에너지 설비투자 비율은 각각 5% 이상이다.

③ 라 지역에서 태양광 설비투자액이 210억 원으로 줄어들어도 대체에너지 설비투자 비율은 5% 이상이다.

④ 대체에너지 설비투자액 중 태양광 설비투자액 비율이 가장 높은 지역은 대체에너지 설비투자 비율이 가장 낮다.

34 가 지역의 지열 설비투자액이 250으로 줄어들 경우 대체에너지 설비투자 비율의 변화는?

① 약 15% 감소 ② 약 17% 감소

③ 약 21% 감소 ④ 약 25% 감소

35 아래는 인플루엔자 백신 접종 이후 3종류의 바이러스에 대한 연령별 항체가 1:40 이상인 피험자 비율의 시간에 따른 변화를 나타낸 것이다. 여기에서 추론 가능한 것은?

(단위 : %)

구분		6개월-2세	3-8세	9-18세
H1N1	접종 전	4.88	61.97	63.79
	접종 후 1개월	85.37	88.73	98.28
	접종 후 6개월	58.97	90.14	92.59
	접종 후 12개월	29.63	84	95.74
H3N2	접종 전	12.20	52.11	48.28
	접종 후 1개월	73.17	90.14	94.83
	접종 후 6개월	41.03	87.32	79.63
	접종 후 12개월	44.44	76	63.83
B	접종 전	17.07	47.89	81.03
	접종 후 1개월	68.29	94.37	93.10
	접종 후 6개월	28.21	74.65	90.74
	접종 후 12개월	14.81	50	80.85

① 현존하는 백신의 종류는 모두 3가지이다.
② 청소년은 백신접종의 필요성이 낮다.
③ B형 바이러스에 대한 항체가 가장 잘 형성된다.
④ 3세 미만의 소아가 백신 면역 지속력이 가장 낮다.

36 다음 표에 대한 설명으로 적절하지 않은 것은?

⟨표⟩ 소득 수준별 노인의 만성 질병 수

(단위 : 만 원, %)

질병수 소득	없다	1개	2개	3개 이상
50 미만	3.7	19.9	27.3	33.0
50~99	7.5	25.7	28.3	26.0
100~149	8.3	29.3	28.3	25.3
150~199	10.6	30.2	29.8	20.4
200~299	12.6	29.9	29.0	19.5
300 이상	15.7	25.9	25.4	25.9

① 소득이 가장 낮은 수준의 노인이 3개 이상의 만성 질병을 앓고 있는 비율이 가장 높다.

② 모든 소득 수준에서 만성 질병의 수가 3개 이상인 경우가 4분의 1을 넘는다.

③ 소득 수준이 높을수록 노인들이 만성 질병을 전혀 앓지 않을 확률은 높아진다.

④ 월 소득이 50만 원 미만인 노인이 만성 질병이 없을 확률은 5%에도 미치지 못한다.

Q 인터넷 쇼핑몰에서 회원가입을 하고 MP3 플레이어를 구매하려고 한다. 다음은 구매하고자 하는 모델에 대하여 인터넷 쇼핑몰 세 곳의 가격과 조건을 조사한 표이다. 물음에 답하시오. 【37~38】

구분	A 쇼핑몰	B 쇼핑몰	C 쇼핑몰
정상가격	129,000원	131,000원	130,000원
회원혜택	7,000원 할인	3,500원 할인	7% 할인
할인쿠폰	5% 쿠폰	3% 쿠폰	5,000원
중복할인여부	불가	가능	불가
배송비	2,000원	무료	2,500원

37 표에 있는 모든 혜택을 적용하였을 때, MP3 플레이어의 배송비를 포함한 실제 구매가격을 바르게 비교한 것은?

① A < B < C ② B < C < A
③ C < A < B ④ C < B < A

38 MP3 플레이어의 배송비를 포함한 실제 구매가격이 가장 비싼 쇼핑몰과 가장 싼 쇼핑몰 간의 가격 차이는?

① 550원 ② 600원
③ 650원 ④ 700원

39 다음 표는 A, B, C, D 4개 고등학교 3학년 학생들을 대상으로 교육환경 및 학교운영에 대한 만족도를 조사한 결과이다. 교육환경 및 학교운영에 대한 만족도의 가중평균을 학교 교육 전반에 대한 만족도라 할 때, 만족도가 가장 높은 학교는?

영역	가중치	학교별 만족도			
		A	B	C	D
교육환경	0.6	70	90	60	75
학교운영	0.4	80	55	90	75

① A ② B
③ C ④ D

Q 다음은 OECD회원국의 총부양비 및 노령화 지수(단위 : %)를 나타낸 표이다. 물음에 답하시오. 【40~42】

국가별	인구			총부양비		노령화 지수
	0~14세	15~64세	65세 이상	유년	노년	
한국	16.2	72.9	11.0	22	15	67.7
일본	13.2	64.2	22.6	21	35	171.1
터키	26.4	67.6	6.0	39	9	22.6
캐나다	16.3	69.6	14.1	23	20	86.6
멕시코	27.9	65.5	6.6	43	10	23.5
미국	20.2	66.8	13.0	30	19	64.1
칠레	22.3	68.5	9.2	32	13	41.5
오스트리아	14.7	67.7	17.6	22	26	119.2
벨기에	16.7	65.8	17.4	25	26	103.9
덴마크	18.0	65.3	16.7	28	26	92.5
핀란드	16.6	66.3	17.2	25	26	103.8
프랑스	18.4	64.6	17.0	28	26	92.3
독일	13.4	66.2	20.5	20	31	153.3
그리스	14.2	67.5	18.3	21	27	128.9
아일랜드	20.8	67.9	11.4	31	17	57.7
네덜란드	17.6	67.0	15.4	26	23	87.1
폴란드	14.8	71.7	13.5	21	19	91.5
스위스	15.2	67.6	17.3	22	26	113.7
영국	17.4	66.0	16.6	26	25	95.5

40 65세 이상 인구 비율이 다른 나라에 비해 높은 국가를 큰 순서대로 차례로 나열한 것은?

① 일본, 독일, 그리스　　　　　　　　② 일본, 그리스, 독일

③ 일본, 영국, 독일　　　　　　　　　④ 일본, 독일, 영국

41 위 표에 대한 설명으로 옳지 않은 것은?

① 장래 노년층을 부양해야 되는 부담이 가장 큰 나라는 일본이다.

② 위에서 제시된 국가 중 세 번째로 노령화 지수가 큰 나라는 그리스이다.

③ 아일랜드는 OECD 회원국 중 노년층 부양 부담이 가장 적은 나라이다.

④ 0~14세 인구 비율이 가장 낮은 나라는 독일이다.

42 노령화 지수는 15세 미만 인구 대비 65세 이상 노령인구의 백분율로 인구의 노령화 정도를 나타내는 지표이다. 우리나라 15세 미만 인구가 890만 명일 때, 65세 이상 노령인구는 몇 명인가?

(단, 노령화 지수 $= \dfrac{65세\,이상인구}{15세\,미만인구} \times 100$)

① 6,025,300명

② 5,982,350명

③ 4,598,410명

④ 3,698,560명

43 아래 표는 갑, 을, 병 세 학생의 국어와 수학 과목 점수이다. ㉠~㉢의 조건에 맞는 학생 1, 2, 3의 이름을 순서대로 나열한 것은?

	학생 1	학생 2	학생 3
국어	85	75	70
수학	75	70	85

> ㉠ 갑은 을보다 수학점수가 높다.
> ㉡ 을과 병의 국어점수 평균은 갑과 병의 수학점수 평균보다 높다.
> ㉢ 병은 국어점수가 수학점수보다 높다.

① 갑 – 병 – 을

② 을 – 병 – 갑

③ 을 – 갑 – 병

④ 병 – 을 – 갑

44 다음은 모 대학 합격자 100명의 수리영역과 언어영역의 성적에 대한 상관표이다. 합격자의 두 영역 성적을 합한 값의 평균에 가장 가까운 것은?

(단위 : 명)

언어영역 \ 수리영역	55	65	75	85	95
95	–	2	2	–	–
85	6	12	10	6	–
75	2	8	12	10	2
65	–	4	6	12	–
55	–	–	2	4	–

① 120
③ 140

② 130
④ 150

45 다음은 우리 국민이 가장 좋아하는 산 및 등산 횟수에 관한 설문조사 결과이다. 다음 설명 중 적절하지 않은 것은?

〈표 1〉 우리 국민이 가장 좋아하는 산

산 이름	설악산	지리산	북한산	관악산	기타
비율(%)	38.9	17.9	7.0	5.8	30.4

〈표 2〉 우리 국민의 등산 횟수

횟수	주 1회 이상	월 1회 이상	분기 1회 이상	연 1~2회	기타
비율(%)	16.4	23.3	13.1	29.8	17.4

① 우리 국민이 가장 좋아하는 산 중 선호도가 높은 2개의 산에 대한 비율은 50% 이상이다.

② 설문조사에서 설악산을 좋아한다고 답한 사람은 지리산, 북한산, 관악산을 좋아한다고 답한 사람보다 더 많다.

③ 우리 국민의 80% 이상은 일 년에 최소한 1번 이상 등산을 한다.

④ 우리 국민들 중 가장 많은 사람들이 월 1회 정도 등산을 한다.

Q 다음은 A 해수욕장의 입장객을 연령·성별로 구분한 것이다. 물음에 답하시오. (단, 소수 둘째자리에서 반올림한다) 【46~47】

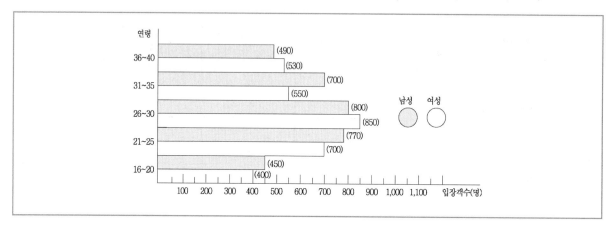

46 21~25세의 여성 입장객이 전체 여성 입장객에서 차지하는 비율은 몇 % 인가?

① 22.5%
② 23.1%
③ 23.5%
④ 24.1%

47 다음 설명 중 옳지 않은 것은?

① 전체 남성 입장객의 수는 3,210명이다.
② 26~30세의 여성 입장객이 가장 많다.
③ 21~25세는 여성 입장객의 비율보다 남성 입장객의 비율이 더 높다.
④ 26~30세 여성 입장객수는 전체 여성 입장객수의 25.4%이다.

Q 다음은 우체국 택배물 취급에 관한 기준표이다. 표를 보고 물음에 답하시오. 【48~50】

(단위 : 원/개당)

중량(크기)		2kg까지 (60cm까지)	5kg까지 (80cm까지)	10kg까지 (120cm까지)	20kg까지 (140cm까지)	30kg까지 (160cm까지)
동일지역		4,000원	5,000원	6,000원	7,000원	8,000원
타지역		5,000원	6,000원	7,000원	8,000원	9,000원
제주지역	빠른(항공)	6,000원	7,000원	8,000원	9,000원	11,000원
	보통(배)	5,000원	6,000원	7,000원	8,000원	9,000원

※ 1) 중량이나 크기 중에 하나만 기준을 초과하여도 초과한 기준에 해당하는 요금을 적용함.
2) 동일지역은 접수지역과 배달지역이 동일한 시/도이고, 타지역은 접수한 시/도지역 이외의 지역으로 배달되는 경우를 말한다.
3) 부가서비스(안심소포) 이용시 기본요금에 50% 추가하여 부가됨.

48 미영이는 서울에서 포항에 있는 보람이와 설희에게 각각 택배를 보내려고 한다. 보람이에게 보내는 물품은 10kg에 130cm이고, 설희에게 보내려는 물품은 4kg에 60cm이다. 미영이가 택배를 보내는데 드는 비용은 모두 얼마인가?

① 13,000원

② 14,000원

③ 15,000원

④ 16,000원

49 설희는 서울에서 빠른 택배로 제주도에 있는 친구에게 안심소포를 이용해서 18kg짜리 쌀을 보내려고 한다. 쌀 포대의 크기는 130cm일 때, 설희가 지불해야 하는 택배 요금은 얼마인가?

① 19,500원

② 16,500원

③ 15,500원

④ 13,500원

50 ㉠타지역으로 15kg에 150cm 크기의 물건을 안심소포로 보내는 가격과 ㉡제주지역에 보통 택배로 8kg에 100cm 크기의 물건을 보내는 가격을 각각 바르게 적은 것은?

	㉠	㉡
①	13,500원	7,000원
②	13,500원	6,000원
③	12,500원	7,000원
④	12,500원	6,000원

Ⓠ 다음은 주유소 4곳을 경영하는 서원각에서 2019년 VIP 회원의 업종별 구성비율을 지점별로 조사한 표이다. 표를 보고 물음에 답하시오. (단, 가장 오른쪽은 각 지점의 회원수가 전 지점의 회원 총수에서 차지하는 비율을 나타낸다) 【51~53】

구분	대학생	회사원	자영업자	주부	각 지점 / 전 지점
A	10%	20%	40%	30%	10%
B	20%	30%	30%	20%	30%
C	10%	50%	20%	20%	40%
D	30%	40%	20%	10%	20%
전 지점	20%		30%		100%

51 서원각 전 지점에서 회사원의 수는 회원 총수의 몇 %인가?

① 24% ② 33%

③ 39% ④ 51%

52 A지점의 회원수를 5년 전과 비교했을 때 자영업자의 수가 2배 증가했고 주부회원과 회사원은 1/2로 감소하였으며 그 외는 변동이 없었다면 5년전 대학생의 비율은? (단, A지점의 2019년 VIP회원의 수는 100명이다)

① 7.69%

② 8.53%

③ 8.67%

④ 9.12%

53 B지점의 대학생 회원수가 300명일 때 C지점의 대학생 회원수는?

① 100명

② 200명

③ 300명

④ 400명

Ⓠ 다음은 어느 음식점의 메뉴별 판매비율을 나타낸 것이다. 물음에 답하시오. 【54~55】

메뉴	2019년(%)	2020년(%)	2021년(%)	2022년(%)
A	17.0	26.5	31.5	36.0
B	24.0	28.0	27.0	29.5
C	38.5	30.5	23.5	15.5
D	14.0	7.0	12.0	11.5
E	6.5	8.0	6.0	7.5

54 다음 중 옳지 않은 것은?

① A 메뉴의 판매비율은 꾸준히 증가하고 있다.

② C 메뉴의 판매비율은 4년 동안 50%p 이상 감소하였다.

③ 2019년과 비교할 때 E 메뉴의 2022년 판매비율은 3%p 증가하였다.

④ 2019년 C 메뉴의 판매비율이 2022년 A 메뉴 판매비율보다 높다.

55 2022년 메뉴 판매개수가 1,500개라면 A 메뉴의 판매개수는 몇 개인가?

① 500개　　　　　　　　　　　② 512개
③ 535개　　　　　　　　　　　④ 540개

56 다음은 음식가격에 따른 연령별 만족지수를 나타낸 그래프이다. 그래프에 대한 설명으로 옳은 것을 모두 고르면?

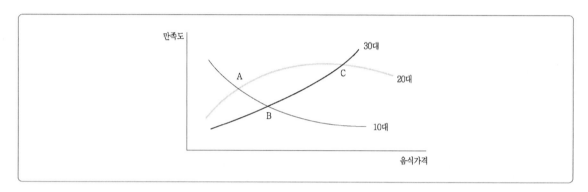

ⓒ 10대, 20대, 30대 모두 음식가격이 높을수록 만족도가 높아진다.
ⓒ 20대는 음식의 가격이 일정 가격 이상을 초과할 경우 오히려 만족도가 떨어진다.
ⓒ 20대의 언니와 10대의 동생이 외식을 할 경우 만족도가 가장 높은 음식가격은 A이다.
ⓒ 10대는 양이 많은 음식점에 대해 만족도가 높을 것이다.

① ㉠㉡　　　　　　　　　　　② ㉠㉢
③ ㉡㉢　　　　　　　　　　　④ ㉡㉣

Q 다음은 최근 5년간 5개 도시의 지하철 분실물개수와 분실물 중 핸드폰 비율을 조사한 결과이다. 물음에 답하시오. 【57~58】

〈표 1〉 도시별 분실물 습득현황

(단위 : 개)

도시＼연도	2018	2019	2020	2021	2022
A	49	58	45	32	28
B	23	25	27	28	24
C	19	24	31	39	48
D	30	52	48	54	61
E	31	28	29	24	19

〈표 2〉 도시별 분실물 중 핸드폰 비율

(단위 : %)

도시＼연도	2018	2019	2020	2021	2022
A	40	41	44	49	50
B	78	60	55	71	83
C	47	45	74	58	54
D	60	61	62	61	57
E	48	39	48	50	68

57 다음 중 옳지 않은 것은?

① A 도시는 분실물 중 핸드폰의 비율이 꾸준히 증가하고 있다.

② 분실물이 매년 가장 많이 습득되는 도시는 D이다.

③ 2022년 A 도시에서 발견된 핸드폰 개수는 14개이다.

④ D 도시의 2022년 분실물 개수는 2018년과 비교하여 50% 이상 증가하였다.

58 다음 중 분실물로 핸드폰이 가장 많이 발견된 도시와 연도는?

① D 도시, 2022년   ② B 도시, 2022년
③ D 도시, 2021년   ④ C 도시, 2021년

59 다음은 한별의 3학년 1학기 성적표의 일부이다. 이 중에서 다른 학생에 비해 한별의 성적이 가장 좋다고 할 수 있는 과목은 ㉠이고, 이 학급에서 성적이 가장 고른 과목은 ㉡이다. 이 때 ㉠, ㉡에 해당하는 과목을 차례대로 나타낸 것은?

성적 ＼ 과목	국어	영어	수학
한별의 성적	79	74	78
학급 평균 성적	70	56	64
표준편차	15	18	16

① 국어, 수학   ② 수학, 국어
③ 영어, 국어   ④ 영어, 수학

60 다음은 서원고등학교 A반과 B반의 시험성적에 관한 표이다. 이에 대한 설명으로 옳지 않은 것은?

분류	A반 평균		B반 평균	
	남학생(20명)	여학생(15명)	남학생(15명)	여학생(20명)
국어	6.0	6.5	6.0	6.0
영어	5.0	5.5	6.5	5.0

① 국어과목의 경우 A반 학생의 평균이 B반 학생의 평균보다 높다.
② 영어과목의 경우 A반 학생의 평균이 B반 학생의 평균보다 낮다.
③ 2과목 전체 평균의 경우 A반 여학생의 평균이 B반 남학생의 평균보다 높다.
④ 2과목 전체 평균의 경우 A반 남학생의 평균은 B반 여학생의 평균과 같다.

61 다음 자료는 연도별 자동차 사고 발생상황을 정리한 것이다. 다음의 자료로부터 추론하기 어려운 내용은?

연도 \ 구분	발생건수(건)	사망자 수(명)	10만 명당 사망자 수(명)	차 1만 대당 사망자 수(명)	부상자 수(명)
1997	246,452	11,603	24.7	11	343,159
1998	239,721	9,057	13.9	9	340,564
1999	275,938	9,353	19.8	8	402,967
2000	290,481	10,236	21.3	7	426,984
2001	260,579	8,097	16.9	6	386,539

① 연도별 자동차 수의 변화
② 운전자 1만 명당 사고 발생건수
③ 자동차 1만 대당 사고율
④ 자동차 1만 대당 부상자 수

Ⓠ 다음은 60대 인구의 여가활동 목적추이를 나타낸 표(단위:%)이고, 그래프는 60대 인구의 여가활동 특성(단위:%)에 관한 것이다. 자료를 보고 물음에 답하시오. 【62~63】

년도	2020	2021	2022
개인의 즐거움	21	22	19
건강	26	31	31
스트레스 해소	11	7	8
마음의 안정과 휴식	15	15	13
시간 때우기	6	6	7
자기발전 자기계발	6	4	4
대인관계 교제	14	12	12
자아실현 자아만족	2	2	4
가족친목	0	0	1
정보습득	0	0	0

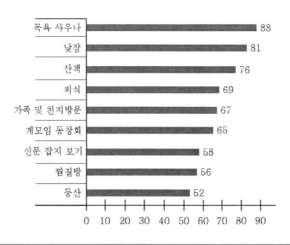

62 위의 자료에 대한 설명으로 올바른 것은?

① 60대 인구 대부분은 스트레스 해소를 위해 목욕·사우나를 한다.

② 60대 인구가 가족 친목을 위해 여가시간을 보내는 비중은 정보습득을 위해 여가시간을 보내는 비중만큼이나 작다.

③ 60대 인구가 여가활동을 건강을 위해 보내는 추이가 점차 감소하고 있다.

④ 여가활동을 낮잠으로 보내는 비율이 60대 인구의 여가활동 가운데 가장 높다.

63 60대 인구가 25만 명이라면 여가활동으로 등산을 하는 인구는 몇 명인가?

① 13만 명

② 15만 명

③ 16만 명

④ 17만 명

64 표준 업무시간이 80시간인 업무를 각 부서에 할당해 본 결과, 다음과 같은 표를 얻었다. 어느 부서의 업무효율이 가장 높은가?

부서명	투입인원(명)	개인별 업무시간(시간)	회의	
			횟수(회)	소요시간(시간/회)
A	2	41	3	1
B	3	30	2	2
C	4	22	1	4
D	3	27	2	1

※ 1) 업무효율 = $\dfrac{\text{표준 업무시간}}{\text{총 투입시간}}$

2) 총 투입시간은 개인별 투입시간의 합임.

개인별 투입시간 = 개인별 업무시간 + 회의 소요시간

3) 부서원은 업무를 분담하여 동시에 수행할 수 있음.

4) 투입된 인원의 업무능력과 인원당 소요시간이 동일하다고 가정함.

① A

② B

③ C

④ D

Q 다음은 사이버 쇼핑몰 상품별 거래액에 관한 표이다. 물음에 답하시오. 【65~66】

(단위 : 백만 원)

	1월	2월	3월	4월	5월	6월	7월	8월	9월
컴퓨터	200,078	195,543	233,168	194,102	176,981	185,357	193,835	193,172	183,620
소프트웨어	13,145	11,516	13,624	11,432	10,198	10,536	45,781	44,579	42,249
가전 · 전자	231,874	226,138	251,881	228,323	239,421	255,383	266,013	253,731	248,474
서적	103,567	91,241	130,523	89,645	81,999	78,316	107,316	99,591	93,486
음반 · 비디오	12,727	11,529	14,408	13,230	12,473	10,888	12,566	12,130	12,408
여행 · 예약	286,248	239,735	231,761	241,051	288,603	293,935	345,920	344,391	245,285
아동 · 유아용	109,344	102,325	121,955	123,118	128,403	121,504	120,135	111,839	124,250
음 · 식료품	122,498	137,282	127,372	121,868	131,003	130,996	130,015	133,086	178,736

65 1월 컴퓨터 상품 거래액과 다음 달 거래액과의 차이는?

① 4,455백만 원 ② 4,535백만 원
③ 4,555백만 원 ④ 4,655백만 원

66 1월 서적 상품 거래액은 음반 · 비디오 상품의 몇 배인가? (소수 둘째자리까지 구하시오)

① 8.13 ② 8.26
③ 9.53 ④ 9.75

Q 다음은 2014~2022년 서울시 거주 외국인의 국적별 인구 분포 자료이다. 표를 보고 물음에 답하시오.
【67~68】

(단위 : 명)

국적＼연도	2014	2015	2016	2017	2018	2019	2020	2021	2022
대만	3,011	2,318	1,371	2,975	8,908	8,899	8,923	8,974	8,953
독일	1,003	984	937	997	696	681	753	805	790
러시아	825	1,019	1,302	1,449	1,073	927	948	979	939
미국	18,763	16,658	15,814	16,342	11,484	10,959	11,487	11,890	11,810
베트남	841	1,083	1,109	1,072	2,052	2,216	2,385	3,011	3,213
영국	836	854	977	1,057	828	848	1,001	1,133	1,160
인도	491	574	574	630	836	828	975	1,136	1,173
일본	6,332	6,703	7,793	7,559	6,139	6,271	6,710	6,864	6,732
중국	12,283	17,432	21,259	22,535	52,572	64,762	77,881	119,300	124,597
캐나다	1,809	1,795	1,909	2,262	1,723	1,893	2,084	2,300	2,374
프랑스	1,180	1,223	1,257	1,360	1,076	1,015	1,001	1,002	984
필리핀	2,005	2,432	2,665	2,741	3,894	3,740	3,646	4,038	4,055
호주	838	837	868	997	716	656	674	709	737
서울시 전체	57,189	61,920	67,908	73,228	102,882	114,685	129,660	175,036	180,857

※ 2개 이상 국적을 보유한 자는 없는 것으로 가정함.

67 2022년에 서울시에 거주하는 외국인 중 가장 많은 국적은?

① 미국 ② 인도
③ 중국 ④ 일본

68 서울시 거주 외국인의 연도별 국적별 분포 자료에 대한 해석으로 옳은 것은?

① 서울시 거주 인도국적 외국인 수는 2016~2022년 사이에 매년 증가하였다.

② 2021년 서울시 거주 전체 외국인 중 중국국적 외국인이 차지하는 비중은 60% 이상이다.

③ 2015~2022년 사이에 서울시 거주 외국인 수가 매년 증가한 국적은 3개이다.

④ 2014년 서울시 거주 전체 외국인 중 일본국적 외국인과 캐나다국적 외국인의 합이 차지하는 비중은 2021년 서울시 거주 전체 외국인 중 대만국적 외국인과 미국국적 외국인의 합이 차지하는 비중보다 작다.

69 다음 연도별 인구분포비율표에 대한 설명으로 옳지 않은 것은?

구분 \ 연도	2019	2020	2021
평균 가구원 수	4.0명	3.0명	2.4명
광공업 비율	56%	37%	21%
생산가능 인구비율	50%	56%	65%
노령 인구비율	4%	6%	8%

① 광공업의 비율을 보면 경제적 비중이 줄어들고 있음을 할 수 있다.

② 인구의 노령화에 따라 평균 가구원 수가 증가하고 있다.

③ 생산가능 인구의 증가는 경제발전에 도움을 준다.

④ 노령인구의 증가로 노령화사회로 다가가고 있다.

70 다음은 어떤 지역의 연령층·지지 정당별 사형제 찬반에 대한 설문조사 결과이다. 이에 대한 설명 중 옳은 것을 고르면?

(단위 : 명)

연령층	지지정당	사형제에 대한 태도	빈도
청년층	A	찬성	90
		반대	10
	B	찬성	60
		반대	40
장년층	A	찬성	60
		반대	10
	B	찬성	15
		반대	15

① 청년층은 장년층보다 사형제에 반대하는 사람의 수가 적다.

② B당 지지자의 경우, 청년층은 장년층보다 사형제 반대 비율이 높다.

③ A당 지지자의 사형제 찬성 비율은 B당 지지자의 사형제 찬성 비율보다 낮다.

④ 사형제 찬성 비율의 지지 정당별 차이는 청년층보다 장년층에서 더 크다.

Q 다음 입체도형의 전개도로 알맞은 것을 고르시오. 【01~16】

- 입체도형을 전개하여 전개도를 만들 때, 전개도에 표시된 그림(예 : ▮▮, ◢, ▬ 등)은 회전의 효과를 반영함. 즉, 본 문제의 풀이과정에서 보기의 전개도 상에 표시된 ▮▮과 ▬는 서로 다른 것으로 취급함.
- 단, 기호 및 문자(예 : ♨, ☎, ♨, K, H)의 회전에 의한 효과는 본 문제의 풀이과정에 반영하지 않음. 즉, 입체도형을 펼쳐 전개도를 만들었을 때 ☎의 방향으로 나타나는 기호 및 문자도 보기에서는 ☎방향으로 표시하며 동일한 것으로 취급함.

01

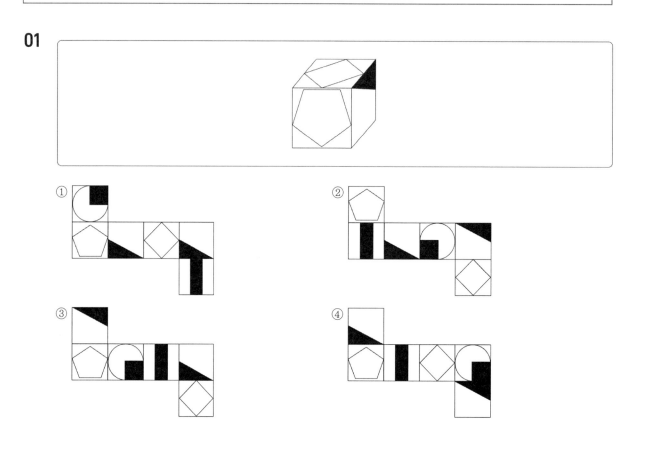

02

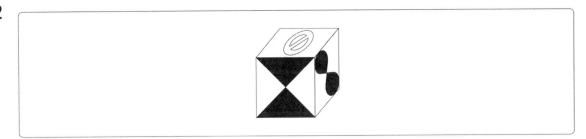

①

②

③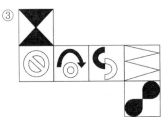

④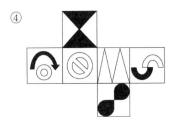

03

①

②

③

④

04

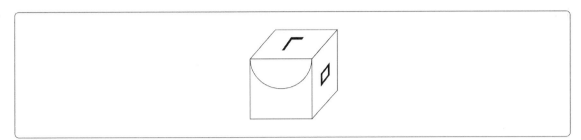

①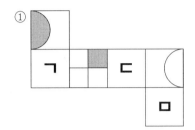

②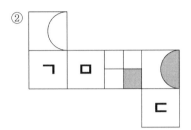

③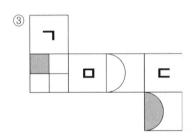

④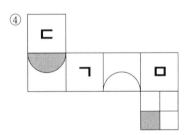

05

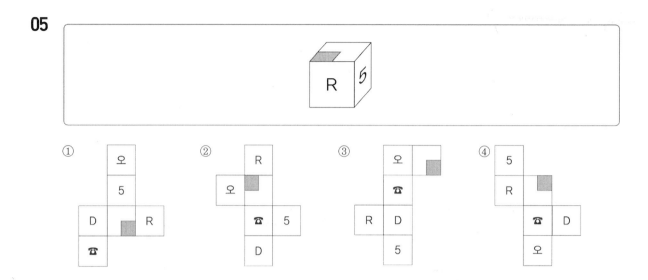

06

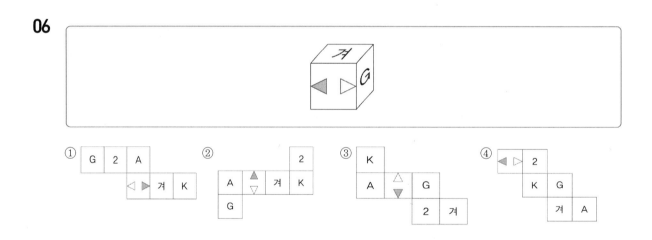

07

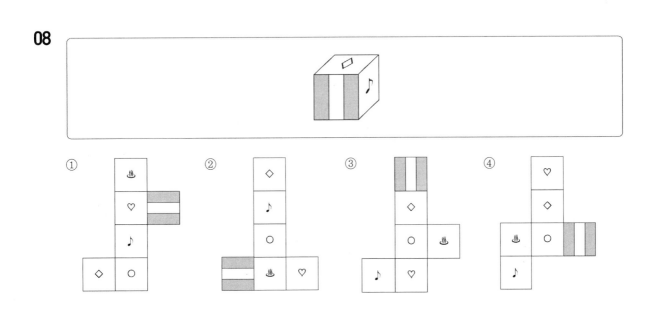

09

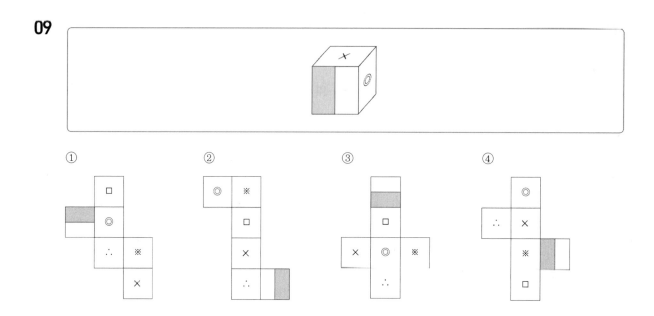

10

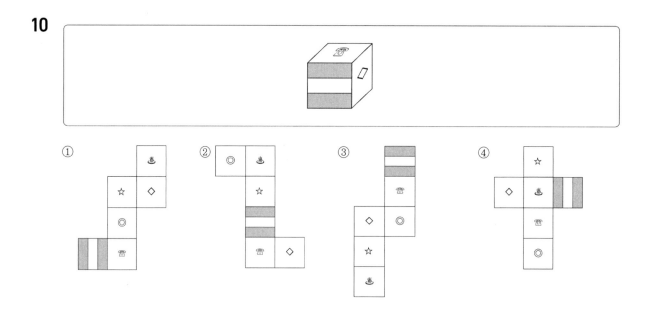

11

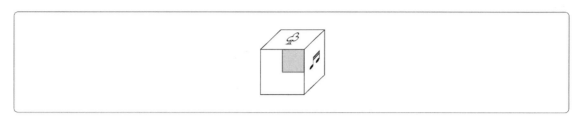

① 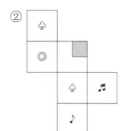   ② 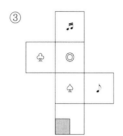   ③ 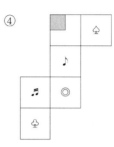   ④

12

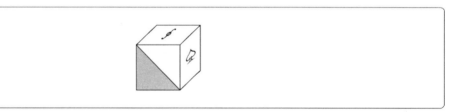

① 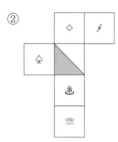   ② 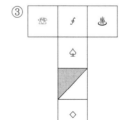   ③ 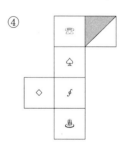   ④

13

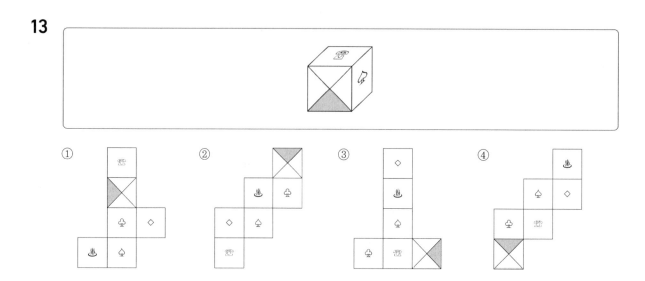

14

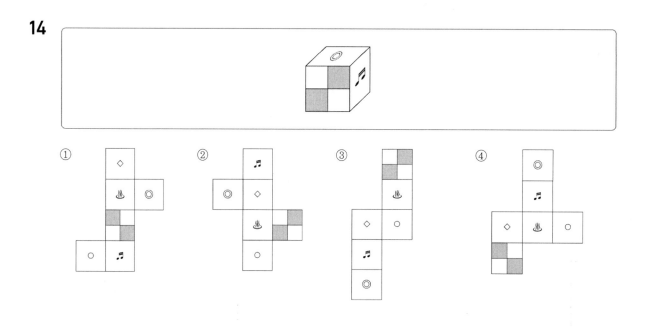

15

① 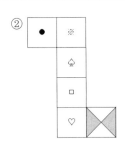 ② 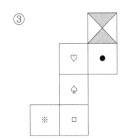 ③ 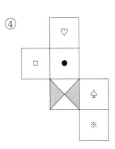 ④

16

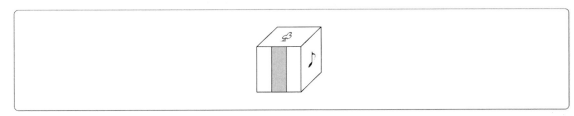

① 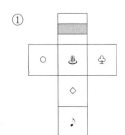 ② 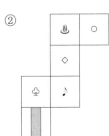 ③ 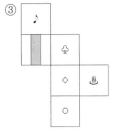 ④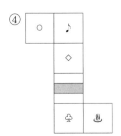

※ 다음 전개도로 만든 입체도형에 해당하는 것을 고르시오. 【17~31】

> * 전개도를 접을 때 전개도 상의 그림, 기호, 문자가 입체도형의 겉면에 표시되는 방향으로 접음
>
> * 전개도를 접어 입체도형을 만들 때, 전개도에 표시된 그림(예 : ◨, ◪ 등)은 회전의 효과를 반영함. 즉, 본 문제의 풀이과정에서 보기의 전개도 상에 표시된 "◨"와 "⊟"은 서로 다른 것으로 취급함.
>
> * 단, 기호 및 문자(예 : ☎, ♤, ♨, K, H)의 회전에 의한 효과는 본 문제의 풀이과정에 반영하지 않음. 즉, 전개도를 접어 입체도형을 만들었을 때에 "☎"의 방향으로 나타나는 기호 및 문자도 보기에서는 "☎" 방향으로 표시하며 동일한 것으로 취급함.

17

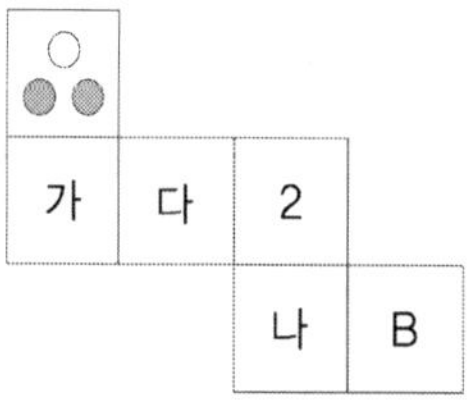

① 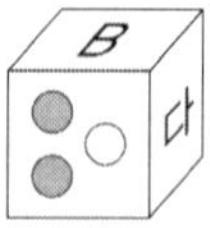

② 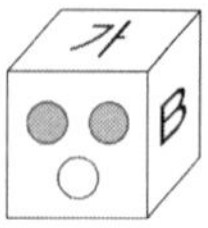

③ 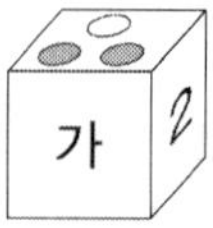

④ 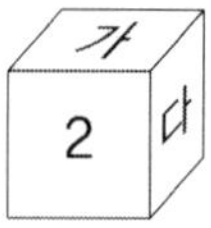

18

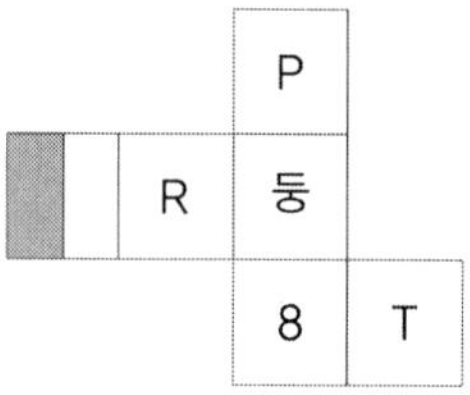

① 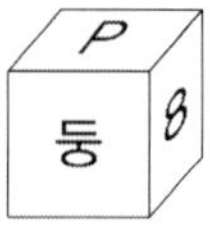

② 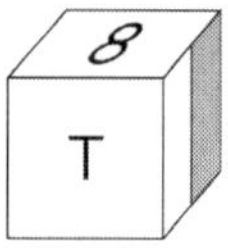

③ 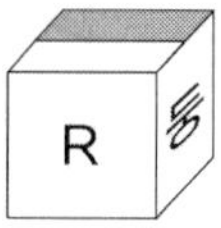

④ 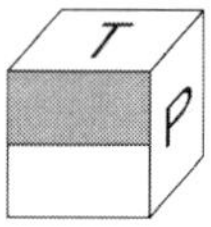

19

①   ②   ③   ④

20

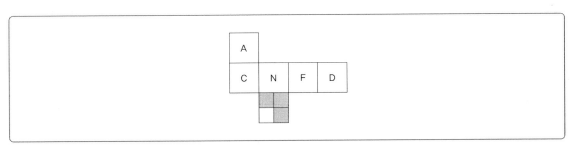

①   ②   ③   ④

21

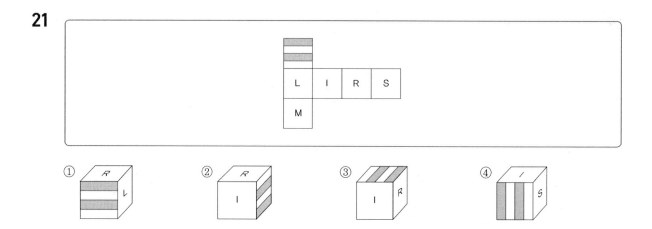

22

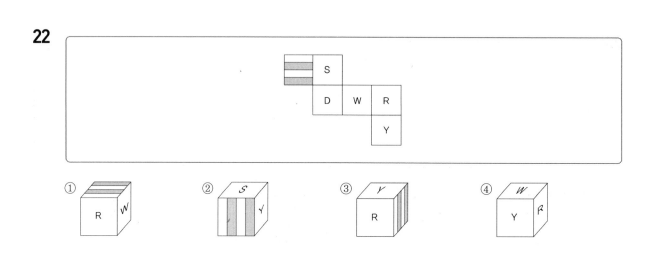

23

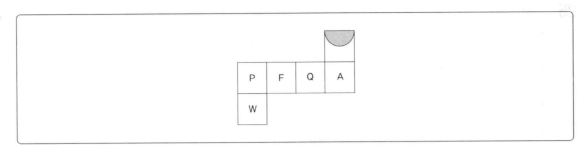

①   ②   ③   ④

24

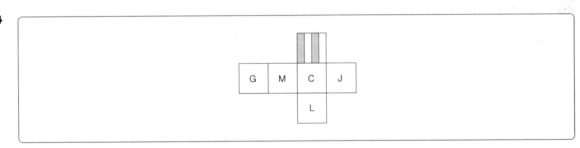

①   ②   ③   ④

25

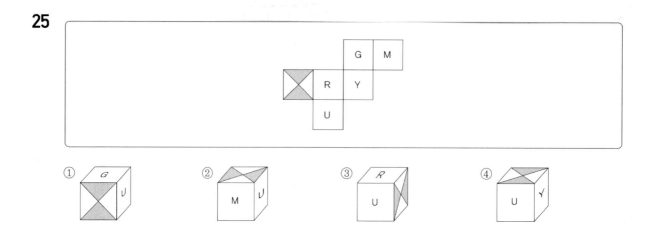

26

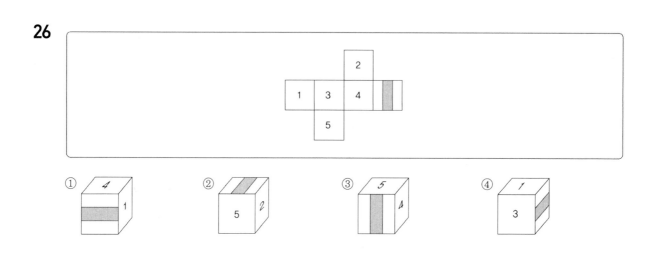

27

28

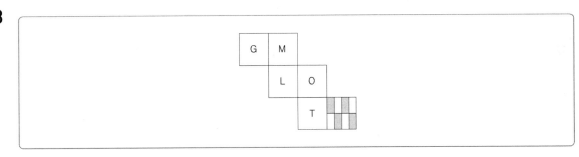

29

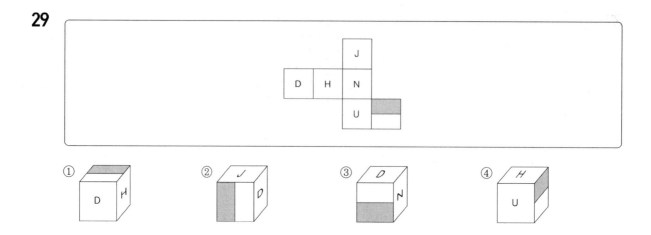

30

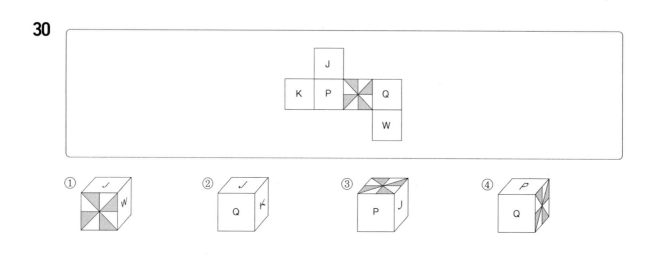

31

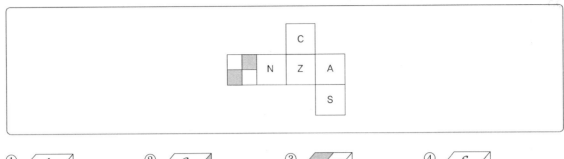

①   ②   ③   ④

Q 다음에 제시된 그림과 같이 쌓기 위해 필요한 블록의 수를 고르시오. 【32~50】 (단, 블록의 모양과 크기는 모두 동일한 정육면체이다)

32

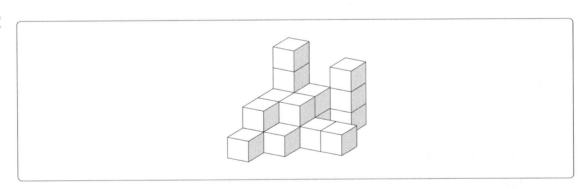

① 18개   ② 19개
③ 20개   ④ 21개

33

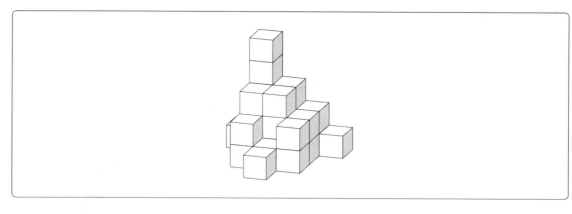

① 26개   ② 25개
③ 24개   ④ 23개

34

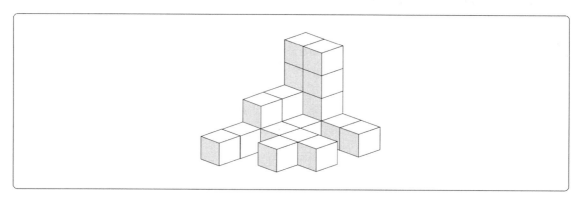

① 20개   ② 21개
③ 22개   ④ 23개

35

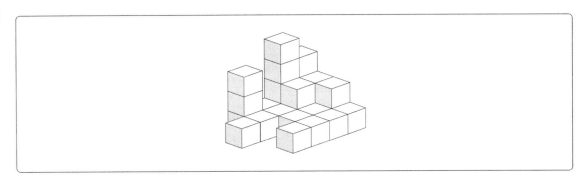

① 23개   ② 24개

③ 25개   ④ 26개

36

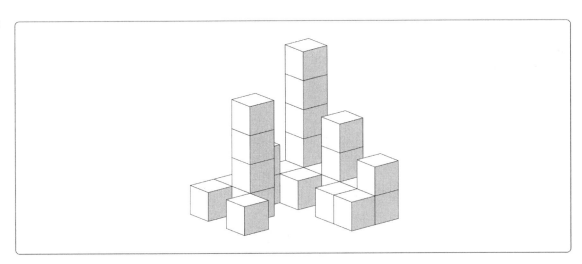

① 24개   ② 25개

③ 26개   ④ 27개

37

① 30개   ② 31개

③ 32개   ④ 33개

38

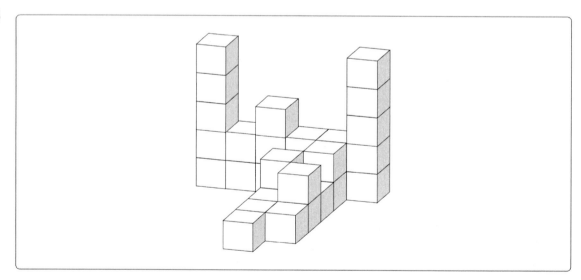

① 29개   ② 30개

③ 31개   ④ 32개

39

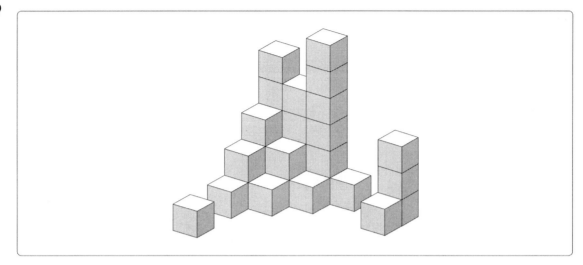

① 28개　　　　　　　　　　② 29개
③ 30개　　　　　　　　　　④ 31개

40

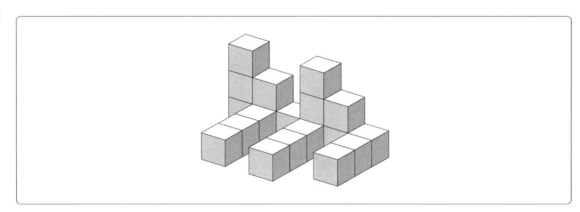

① 18개　　　　　　　　　　② 19개
③ 20개　　　　　　　　　　④ 21개

41

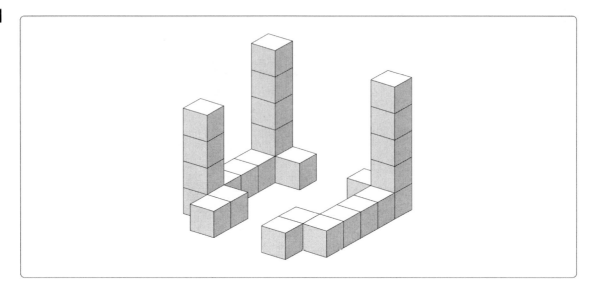

① 25개　　　　　　　　　　② 27개
③ 29개　　　　　　　　　　④ 31개

42

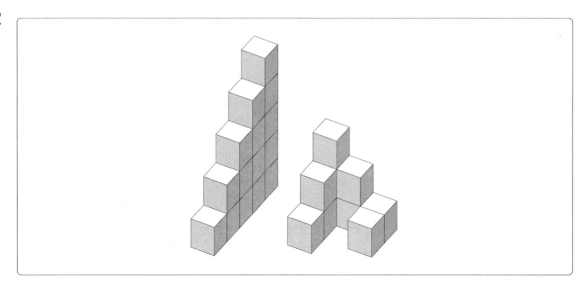

① 23개　　　　　　　　　　② 25개
③ 27개　　　　　　　　　　④ 29개

43

① 30개 ② 31개
③ 32개 ④ 33개

44

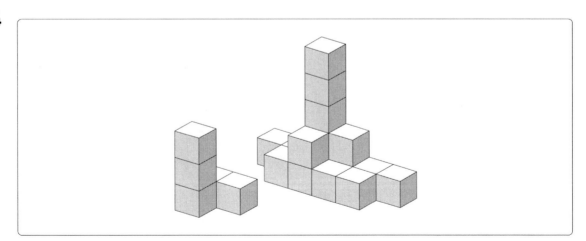

① 20개 ② 21개
③ 22개 ④ 23개

45

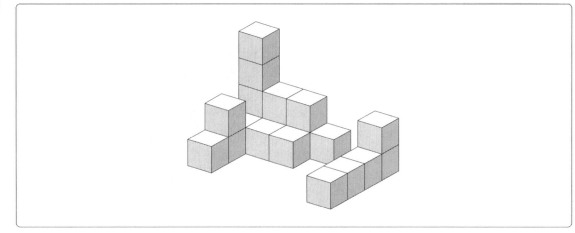

① 17개   ② 18개

③ 19개   ④ 20개

46

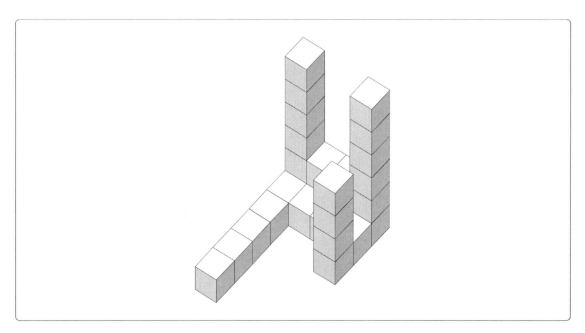

① 26개   ② 27개

③ 28개   ④ 29개

47

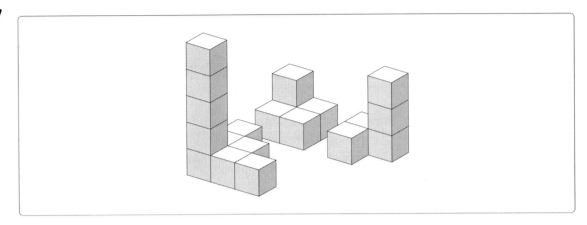

① 20개   ② 21개

③ 22개   ④ 23개

48

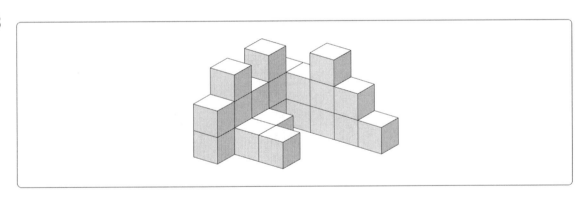

① 21개   ② 22개

③ 23개   ④ 24개

49

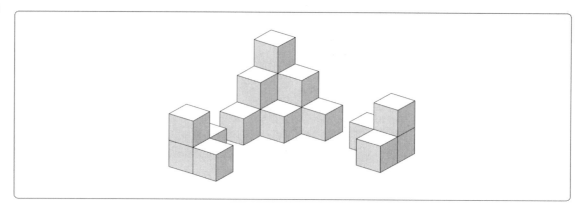

① 16개   ② 17개

③ 18개   ④ 19개

50

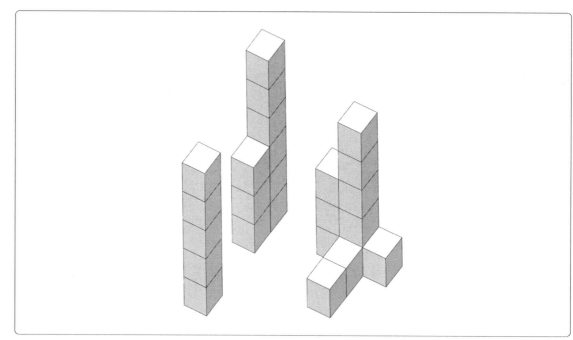

① 22개   ② 23개

③ 24개   ④ 25개

Q 다음에 제시된 블록들을 화살표 표시한 방향에서 바라봤을 때의 모양으로 알맞은 것을 고르시오.
【51~65】 (단, 블록은 모양과 크기는 모두 동일한 정육면체이며, 바라보는 시선의 방향은 블록의 면과 수직을 이루며 원근에 의해 블록이 작게 보이는 효과는 고려하지 않는다)

51

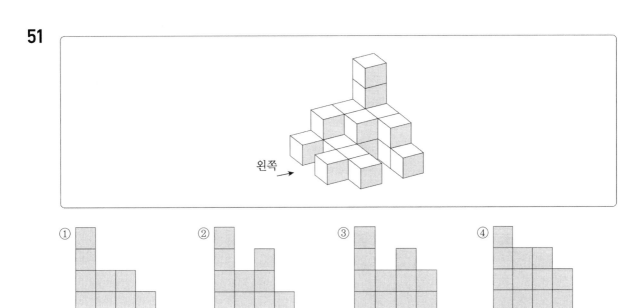

왼쪽 →

① ② ③ ④

52

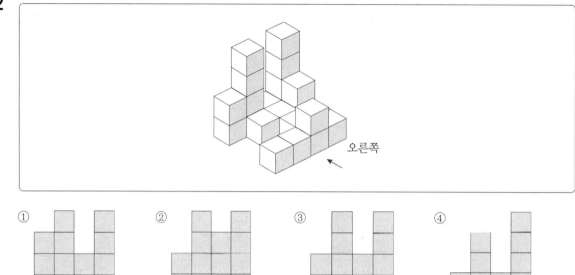

오른쪽

① ② ③ ④

53

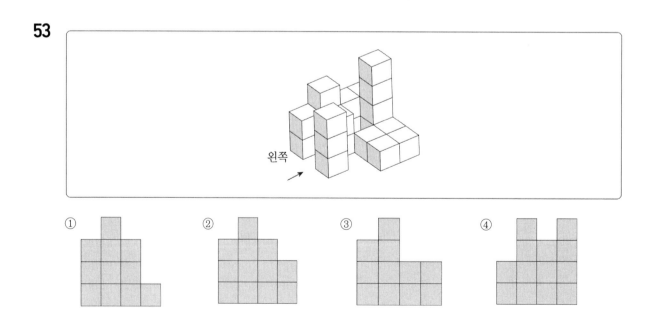

왼쪽

① ② ③ ④

54

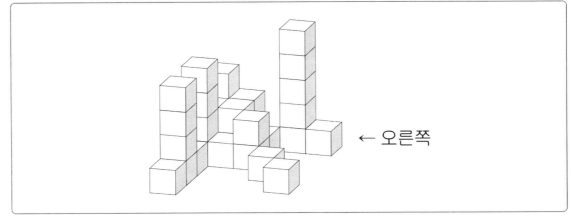

← 오른쪽

① 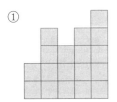　② 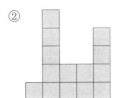　③ 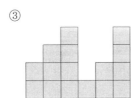　④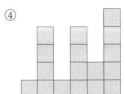

55

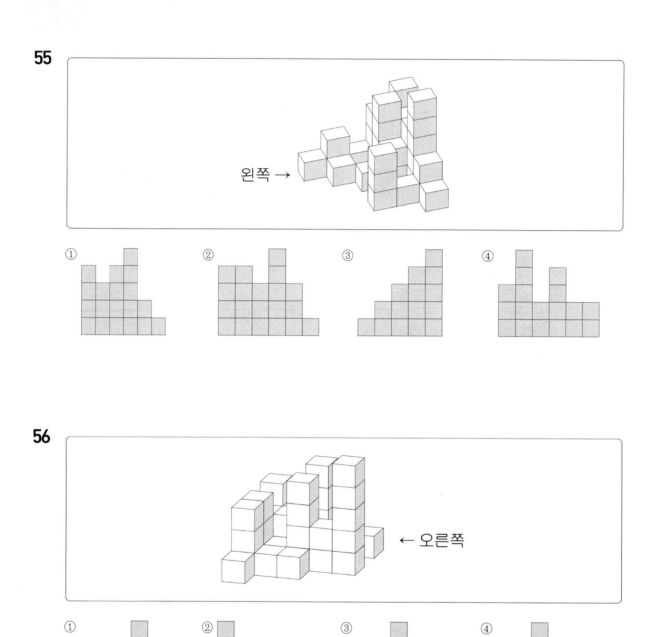

왼쪽 →

① ② ③ ④

56

← 오른쪽

① ② ③ ④

57

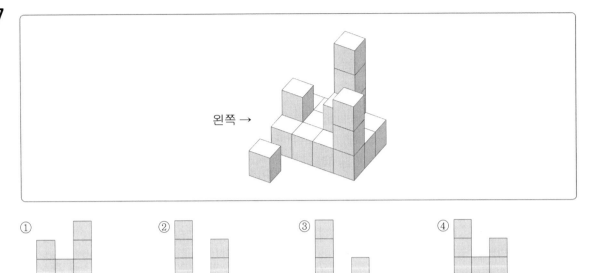

왼쪽 →

① 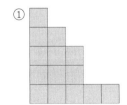   ② 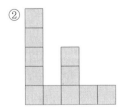   ③ 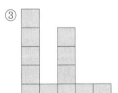   ④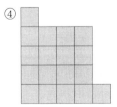

58

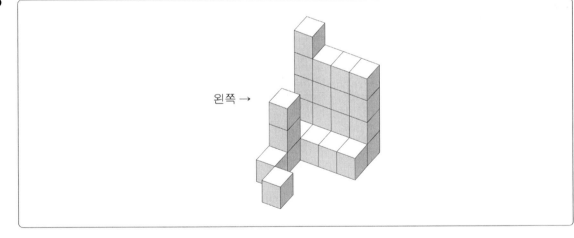

왼쪽 →

①   ②   ③   ④

59

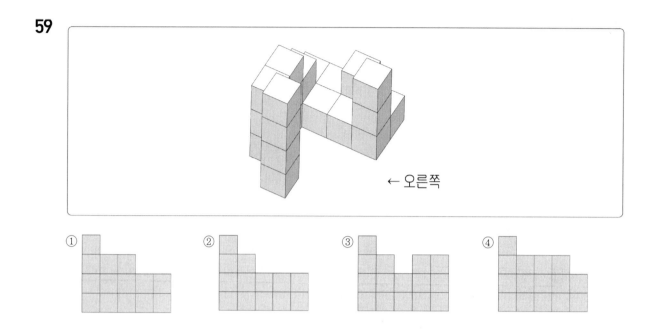

← 오른쪽

60

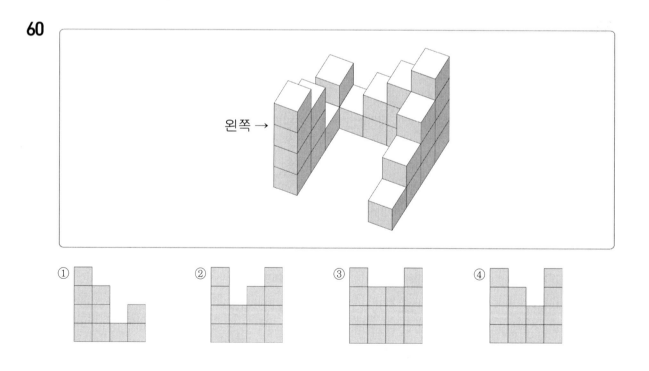

왼쪽 →

61

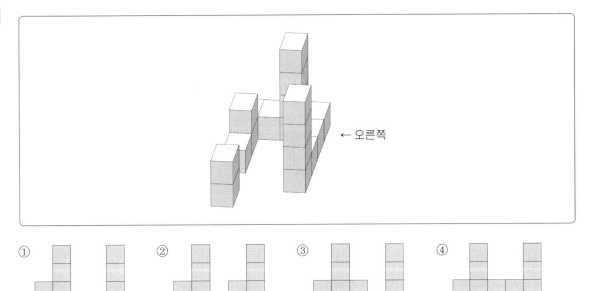

← 오른쪽

① ② ③ ④

62

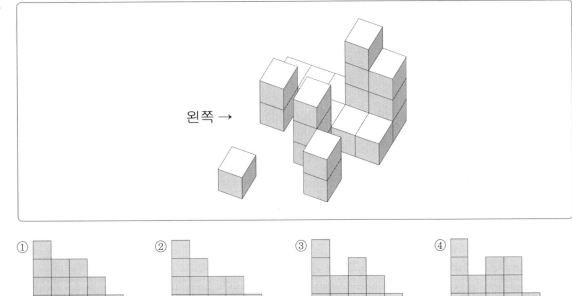

왼쪽 →

① ② ③ ④

63

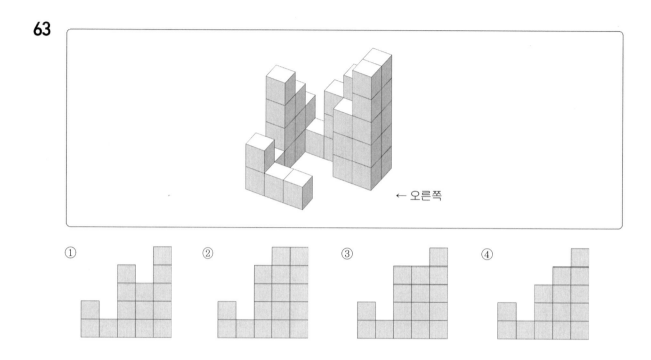

← 오른쪽

① ② ③ ④

64

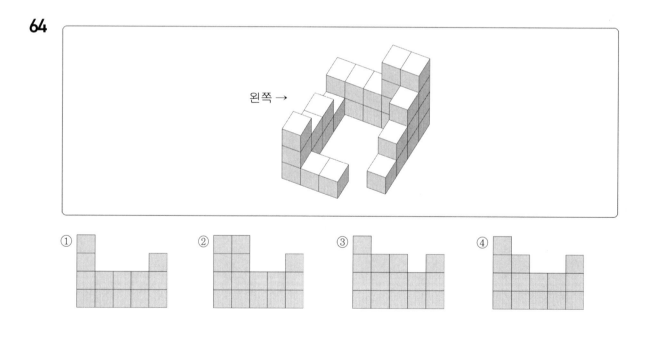

왼쪽 →

① ② ③ ④

65

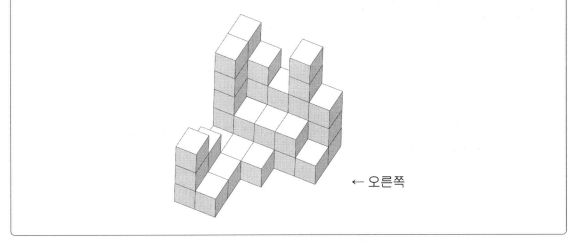

← 오른쪽

① 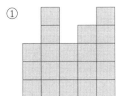　② 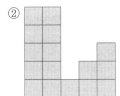　③ 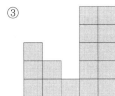　④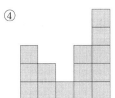

04 지각속도

≫ 정답 및 해설 **p.283**

Q 다음 왼쪽과 오른쪽 기호, 문자, 숫자의 대응을 참고하여 각 문제의 대응이 같으면 '① 맞음'을, 틀리면 '② 틀림'을 선택하시오. 【01~03】

1 = 이	2 = 상	3 = 대	4 = 명	5 = 학
6 = 공	7 = 생	8 = 교	9 = 경	0 = 보

01 이 경 상 교 대 학 - 1 9 2 6 3 5   ① 맞음   ② 틀림

02 대 명 공 이 생 상 - 3 4 6 1 7 2   ① 맞음   ② 틀림

03 상 생 경 명 교 공 보 - 2 7 9 4 8 6 0   ① 맞음   ② 틀림

Q 다음 짝지어진 숫자나 문자 중에서 서로 같은 것을 찾으시오. 【04~05】

04
① 9788962000269 – 9788962000269
② 9788962000301 – 9788960200301
③ 9788962000245 – 9788960200245
④ 9788962000252 – 9788960200252

05
① EHIHIHIEHIHIEHI – EHIHIEIEHIHIEHI
② YAHOYAHOYAHO – YAHOAYHOYAHO
③ BINGGLEBINGGLE – BINGLGEBINGGLE
④ MERONGMERONG – MERONGMERONG

Q 다음에서 각 문제의 왼쪽에 표시된 굵은 글씨체의 기호, 문자, 숫자의 개수를 모두 세어 오른쪽 개수에서 찾으시오. 【06~10】

06

리	하와이 호놀룰루 대한민국총영사관

① 1개　　　　　　　　② 2개
③ 3개　　　　　　　　④ 4개

07

3	579135491354219543548415763554

① 2개　　　　　　　　② 4개
③ 6개　　　　　　　　④ 8개

08

> <u>e</u>   He wants to join the police force

① 2개   ② 4개
③ 6개   ④ 8개

09

> <u>R</u>   ITS RESTAURANT IS RUN BY A TOP CHEF

① 1개   ② 2개
③ 3개   ④ 4개

10

> <u>(나)</u>   (파)(하)(나)(라)(파)(하)(차)(사)(나)(가)(타)(파)(사)(바)(차)(자)(바)(라)(나)(마)

① 1개   ② 2개
③ 3개   ④ 4개

Q 다음 왼쪽과 오른쪽 기호, 문자, 숫자의 대응을 참고하여 각 문제의 대응이 같으면 '① 맞음'을, 틀리면 '② 틀림'을 선택하시오. 【11~13】

◑ = 행	♥ = 보	○ = 군	▽ = 통	◎ = 병
◈ = 정	♧ = 급	★ = 부	▶ = 신	△ = 참

11 행 보 병 참 급 – ◑ ♥ ◎ △ ◈   ① 맞음   ② 틀림

12 군 통 정 군 부 – ○ ▽ ◈ ○ ★   ① 맞음   ② 틀림

13 병 정 행 신 보 – ◎ ◈ ◑ ▶ ♥   ① 맞음   ② 틀림

Ｑ 다음 왼쪽과 오른쪽 기호, 문자, 숫자의 대응을 참고하여 각 문제의 대응이 같으면 '① 맞음'을, 틀리면 '② 틀림'을 선택하시오. 【14~16】

1 = 템	3 = 룻	F = 랜	4 = 던	k = 전
h = 팀	T = 플	j = 덤	2 = 오	0 = 토

14 오 팀 플 랜 던 - 2 h t F 4　　　　　① 맞음　　　② 틀림

15 템 룻 전 토 덤 - 1 T k 0 j　　　　　① 맞음　　　② 틀림

16 전 오 랜 덤 팀 - k 2 F j 0　　　　　① 맞음　　　② 틀림

Ⓠ 다음 왼쪽과 오른쪽 기호, 문자, 숫자의 대응을 참고하여 각 문제의 대응이 같으면 '① 맞음'을, 틀리면 '② 틀림'을 선택하시오. 【17~19】

S = 3	a = 2	Y = 1	n = 5.5	O = 2.5
A = 1.5	H = 0.5	y = 3.5	T = 4	w = 4.5

17 3.5 4 5.5 0.5 1 − y T w H Y   ① 맞음   ② 틀림

18 2 1 5.5 1.5 4.5 − a y N a w   ① 맞음   ② 틀림

19 3 1.5 4 5.5 0.5 − S A T n H   ① 맞음   ② 틀림

Q 다음 왼쪽과 오른쪽 기호, 문자, 숫자의 대응을 참고하여 각 문제의 대응이 같으면 '① 맞음'을, 틀리면 '② 틀림'을 선택하시오. 【20~22】

ㄲ = a	ㄸ = c	ㅃ = e	ㅆ = g	ㅉ = i
ㄴ = K	ㅒ = N	ㄾ = P	ㅀ = R	ㅰ = T

20 N g T i K – ㅒ ㅆ ㅰ ㄲ ㄴ   ① 맞음   ② 틀림

21 K R e a N – ㄴ ㅀ ㅃ ㄲ ㅒ   ① 맞음   ② 틀림

22 i N a T N – ㅉ ㅒ ㄸ ㅰ ㅒ   ① 맞음   ② 틀림

ⓠ 다음 왼쪽과 오른쪽 기호, 문자, 숫자의 대응을 참고하여 각 문제의 대응이 같으면 '① 맞음'을, 틀리면 '② 틀림'을 선택하시오. 【23~25】

ㅏ = ㅜ	k = ㅍ	╳ = ㅗ	s = ㅇ	e = ㅛ
✚ = ㅝ	t = ㅋ	m = ㅚ	✖ = ㅕ	ㅒ = ㄴ

23 ㅍㅚㄴㅇㅕ – k m ㅒ e ✖   ① 맞음   ② 틀림

24 ㅜㅝㅋㅝㅕ – ㅏ ✚ t ✚ ✖   ① 맞음   ② 틀림

25 ㅋㅛㄴㅛㅗ – t e ㅒ ╳ e   ① 맞음   ② 틀림

Q 다음에서 각 문제의 왼쪽에 표시된 굵은 글씨체의 기호, 문자, 숫자의 개수를 모두 세어 보시오. 【26~45】

26

<u>S</u>	AWGZXTSDSVSRDSQDTWQ

① 1 　　　　　　　　　　　　② 2
③ 3 　　　　　　　　　　　　④ 4

27

<u>시</u>	제시된 문제를 잘 읽고 예제와 같은 방식으로 정확하게 답하시오.

① 1 　　　　　　　　　　　　② 2
③ 3 　　　　　　　　　　　　④ 4

28

<u>6</u>	10010587625460268732 17

① 1 　　　　　　　　　　　　② 2
③ 3 　　　　　　　　　　　　④ 4

29

| 火 | 秋花春風南美北西冬木日火水金 |

① 1 ② 2
③ 3 ④ 4

30

| <u>w</u> | when I am down and oh my soul so weary |

① 1 ② 2
③ 3 ④ 4

31

| ♣ | ☺◆ㄱ⊙♡☆▽◁♧◐†♬♪▣♣ |

① 1 ② 2
③ 3 ④ 4

32

ᄶ	ᄫ ᄬ ᄭᄮᄯᄰᄱᄲᄳ ᄴ ᄵ ᄶ ᄷ ᄸ ᄹ

① 1　　② 2
③ 3　　④ 4

33

Ⅻ	ⅲ ⅳ Ⅰ ⅵ Ⅳ Ⅻ ⅰ ⅶ ⅹ ⅷ Ⅴ ⅦⅧⅨ Ⅹ Ⅺ ⅸ ⅺ ⅱ ⅴ Ⅻ

① 1　　② 2
③ 3　　④ 4

34

Ξ	ϪШβ Ψ Ξ ϞϮϬϸϑπ τ φ λ μ ξ ή O Ξ M Ϋ

① 1　　② 2
③ 3　　④ 4

35

$$\frac{\alpha}{\quad} \qquad \sum 4\lim 6\vec{A}\pi 8\beta \frac{5}{9}\Delta \pm \int \frac{2}{3}\AA\,\theta\gamma 8$$

① 0　　　　　　　　　　　　　② 1

③ 2　　　　　　　　　　　　　④ 3

36

$$\underline{\text{ᅢ}} \qquad \text{ᅢᅰᆩᅲᅪᅥᅰ·ᅵ—ᅡ ᅢᅭ개ᅱᅰᅡ}$$

① 0　　　　　　　　　　　　　② 1

③ 2　　　　　　　　　　　　　④ 3

37

$$\underline{\text{₩}} \qquad \text{₤₡₢₣£₥₦₧₨₩₫①₭₮₯ρ§₽}$$

① 0　　　　　　　　　　　　　② 1

③ 2　　　　　　　　　　　　　④ 3

38

ㅁ	머루나비먹이무리만두먼지미리메리나루무림

① 4　　　　　　　　　　　　　　　② 5

③ 7　　　　　　　　　　　　　　　④ 9

39

4	GcAshH748vdafo25W641981

① 0　　　　　　　　　　　　　　　② 1

③ 2　　　　　　　　　　　　　　　④ 3

40

겗	갌겷걺게겒겗겦겗겦겛겾겍겗겛겚겛겍겗겒걟

① 0　　　　　　　　　　　　　　　② 1

③ 2　　　　　　　　　　　　　　　④ 3

41

| 으 | 軍事法院은 戒嚴法에 따른 裁判權을 가진다. |

① 0   ② 1
③ 2   ④ 3

42

| る | ゆよるらろくぎつであぱるれわゐを |

① 0   ② 1
③ 2   ④ 3

43

| ❷ | ④❾②❽⑥⑤①⑦❶⑲⑤❽④③❼② |

① 0   ② 1
③ 2   ④ 3

44

늘	≤≇✕≇≙≁≇≕≞≙≓늑≲

① 1　　　　　　　　　　② 2
③ 3　　　　　　　　　　④ 4

45

乷	∪∬∈♯♋∑∀∩∮⚡⟊⚹乷∬∬△

① 1　　　　　　　　　　② 2
③ 3　　　　　　　　　　④ 4

Q 다음에 열거된 단어 중 문제에 제시된 단어와 일치하는 것을 찾아 개수를 구하시오. 【46~47】

군인	군대	국방	구민	구정	구조	굴비
군화	군비	군량	군기	국기	극기	국가

46

국기　구정　구분　군화

① 1　　　　　　　　　　② 2
③ 3　　　　　　　　　　④ 4

47

| 군대 군수 극기 구조 |

① 1   ② 2

③ 3   ④ 4

Q 다음 짝지은 문자나 기호 중에서 다른 것을 고르시오. 【48~49】

48 ① 오소누조이마요하 − 오소누조이마요하

② tkfkdgksmstkfka − tkfkdgksmstkfka

③ 1024875184356 − 1024781584356

④ ▼▽▲△■□◆◇ − ▼▽▲△■□◆◇

49 ① 금융기관이나 증권회사 상호간 − 금융기관이나 증권회사 상호간

② 극단적으로 현금화폐를 선호 − 극단적으로 현금화폐를 선호

③ 저축성예금과 거주자외화예금 − 저축성예금과 거주자외화예금

④ 금융기관유동성에 국공채, 회사채 포함 − 금융기관유동성에 국공체, 회사채 포함

Q 다음 왼쪽과 오른쪽 기호, 문자, 숫자의 대응을 참고하여 각 문제의 대응이 같으면 '① 맞음'을, 틀리면 '② 틀림'을 선택하시오. 【50~52】

韓 = 1	加 = c	有 = 5	上 = 8	德 = 11
武 = 6	下 = 3	老 = 21	無 = R	體 = Z

50 c R 11 6 3 - 加 無 德 武 下   ① 맞음   ② 틀림

51 1 21 5 3 Z - 韓 老 有 下 體   ① 맞음   ② 틀림

52 6 R 21 c 8 - 武 無 加 老 上   ① 맞음   ② 틀림

Q 다음 왼쪽과 오른쪽 기호, 문자, 숫자의 대응을 참고하여 각 문제의 대응이 같으면 '① 맞음'을, 틀리면 '②
틀림'을 선택하시오. 【53~55】

예 = A	글 = O	도 = S	표 = G	해 = F
약 = D	뇨 = P	유 = Q	특 = W	활 = J

53 A P W G J − 예 뇨 특 표 활   ① 맞음   ② 틀림

54 D S D O Q − 약 도 약 글 유   ① 맞음   ② 틀림

55 F G J A S − 해 표 활 예 도   ① 맞음   ② 틀림

Q 다음 왼쪽과 오른쪽 기호, 문자, 숫자의 대응을 참고하여 각 문제의 대응이 같으면 '① 맞음'을, 틀리면 '② 틀림'을 선택하시오. 【56~58】

$x^2 = 2$	$k^2 = 3$	$l = 7$	$y = 8$	$z = 4$
$x = 6$	$z^2 = 0$	$y^2 = 1$	$l^2 = 9$	$k = 5$

56 $2\ 0\ 9\ 5\ 4 - x^2\ z^2\ l^2\ k\ z$ ① 맞음   ② 틀림

57 $3\ 7\ 4\ 6\ 1 - k\ l\ z\ x\ y^2$ ① 맞음   ② 틀림

58 $8\ 1\ 5\ 2\ 0 - y\ y^2\ k\ x\ z^2$ ① 맞음   ② 틀림

Ⓠ 다음 왼쪽과 오른쪽 기호, 문자, 숫자의 대응을 참고하여 각 문제의 대응이 같으면 '① 맞음'을, 틀리면 '②
틀림'을 선택하시오. 【59~61】

Ⅷ = 강	Ⅲ = 운	Ⅹ = 이	Ⅳ = 신	Ⅸ = 진
Ⅵ = 박	Ⅱ = 서	Ⅻ = 도	Ⅰ = 김	Ⅴ = 표

59 강 서 이 김 진 – Ⅷ Ⅱ Ⅸ Ⅰ Ⅸ   ① 맞음   ② 틀림

60 박 윤 도 신 표 – Ⅵ Ⅲ Ⅻ Ⅳ Ⅵ   ① 맞음   ② 틀림

61 신 이 서 강 윤 – Ⅳ Ⅹ Ⅱ Ⅲ Ⅷ   ① 맞음   ② 틀림

Q 다음 왼쪽과 오른쪽 기호, 문자, 숫자의 대응을 참고하여 각 문제의 대응이 같으면 '① 맞음'을, 틀리면 '② 틀림'을 선택하시오. 【62~64】

울 = a	둘 = 2	굴 = k	불 = 7	툴 = 1
술 = 5	물 = 3	줄 = j	룰 = p	쿨 = q

62 a 2 j p 1 – 울 둘 줄 쿨 툴   ① 맞음   ② 틀림

63 5 3 k q 7 – 술 굴 불 쿨 불   ① 맞음   ② 틀림

64 1 j k p 3 – 툴 줄 물 룰 굴   ① 맞음   ② 틀림

Q 다음에서 각 문제의 왼쪽에 표시된 굵은 글씨체의 기호, 문자, 숫자의 개수를 모두 세어 오른쪽 개수에서 찾으시오. 【65~86】

65

^	%#@&!&@*%#^!@$^~+−₩

① 1 ② 2
③ 3 ④ 4

66

$\dfrac{3}{2}$	$\dfrac{4}{5}\ \dfrac{8}{2}\ \dfrac{4}{5}\ \dfrac{3}{4}\ \dfrac{6}{7}\ \dfrac{9}{5}\ \dfrac{7}{9}\ \dfrac{7}{3}\ \dfrac{2}{2}\ \dfrac{1}{7}\ \dfrac{1}{2}\ \dfrac{5}{6}$

① 0 ② 1
③ 2 ④ 3

67

♪	𝄞♪♯♪𝅘𝅥𝅯𝅗𝅥♪𝅘𝅥♪𝅘𝅥𝅮𝅘𝅥♪𝄢𝅘𝅥𝅯

① 0 ② 1
③ 2 ④ 3

68

| E | the뭉크韓中日rock셔틀bus피카소%3986as5$₩ |

① 1 ② 2
③ 3 ④ 4

69

| s | dbrrnsgornsrhdrnsqntkrhks |

① 1 ② 2
③ 3 ④ 4

70

$$\underline{x^2} \qquad x^3\,x^2\,z^7\,x^3\,z^6\,z^5\,x^4\,x^2\,x^9\,z^2\,z^1$$

① 1 ② 2
③ 3 ④ 4

71

ㄹ	두 쪽으로 깨뜨려져도 소리하지 않는 바위가 되리라.

① 2   ② 3
③ 4   ④ 5

72

a	Listen to the song here in my heart

① 1   ② 2
③ 3   ④ 4

73

2	10059478628948624982492314867

① 2   ② 4
③ 6   ④ 8

74

| 東 | 一三車軍東海善美參三社會東 |

① 1 ② 2
③ 3 ④ 4

75

| 솔 | 골돌몰볼톨흘솔돌촐롤졸콜흘볼골 |

① 1 ② 2
③ 3 ④ 4

76

| ⊥ | 군사기밀 보호조치를 하지 아니한 경우 2년 이하 징역 |

① 3 ② 5
③ 7 ④ 9

77

| <u>스</u> | 누미디아타가스테아우구스티투스생토귀스탱 |

① 1   ② 2
③ 3   ④ 4

78

| <u>m</u> | Ich liebe dich so wie du mich am abend |

① 1   ② 2
③ 3   ④ 4

79

| <u>9</u> | 9517462853431 9876519684 |

① 1   ② 2
③ 3   ④ 4

80

■	☆★○●◎◇◆□■△▲▽▼

① 1　　　　　　　　　　　　　　② 2
③ 3　　　　　　　　　　　　　　④ 4

81

↘	⋀⋀⋀↕↑→←↓↔↓↔

① 1　　　　　　　　　　　　　　② 2
③ 3　　　　　　　　　　　　　　④ 4

82

낀	꽸꼽낟납꺉꿈꼇꿝꿑꼉낀꼆

① 1　　　　　　　　　　　　　　② 2
③ 3　　　　　　　　　　　　　　④ 4

83

ᛯᚤᚧᚤᚻᛒᚼᛒᛯᚼᚩᛯᛏᚤᚧᚤᛀ

① 1   ② 2
③ 3   ④ 4

84

ᇜ	ㄲㄸㅆㅎㅉㅃㄿㄻㄼㅃㅉㅎㅉㅎㅃㄹㅃㄿ

① 1   ② 2
③ 3   ④ 4

85

ㅓ	ㅏㅐㅖㅣㅛㅓㅔㅜㅖㅒㅓㅗㅑ

① 0   ② 1
③ 2   ④ 3

86

♯	♡#ℕρω⊥Ⅰ⊣α#ℕρ⊥Ⅰ⊣

① 1   ② 2

③ 3   ④ 4

Q 다음 왼쪽과 오른쪽 기호, 문자, 숫자의 대응을 참고하여 각 문제의 대응이 같으면 '① 맞음'을, 틀리면 '② 틀림'을 선택하시오. 【87~89】

♤ = A	▷ = a	✔ = B	☛ = b	♥ = C	◉ = c
♧ = D	☆ = d	＊ = E	✗ = e	♪ = F	▣ = f

87 A f a d e－♤ ▣ ▷ ☆ ✗   ① 맞음   ② 틀림

88 C d a B f－♥ ★ ▷ ✔ ▣   ① 맞음   ② 틀림

89 c D d a b－◉ ♧ ☆ ▷ ♪   ① 맞음   ② 틀림

Q 다음 왼쪽과 오른쪽 기호, 문자, 숫자의 대응을 참고하여 각 문제의 대응이 같으면 '① 맞음'을, 틀리면 '② 틀림'을 선택하시오. 【90~92】

ㄱ = 11	ㅂ = 7	ㅊ = 9	ㅋ = 6	ㅈ = 5
ㅁ = 2	ㄹ = 10	ㅅ = 8	ㅇ = 13	ㅎ = 3

90 7 9 10 8 2 - ㅂ ㅊ ㄹ ㅅ ㅁ   ① 맞음   ② 틀림

91 11 10 13 10 6 - ㄱ ㄹ ㅇ ㄹ ㅊ   ① 맞음   ② 틀림

92 7 2 13 9 11 - ㅂ ㅁ ㅊ ㅇ ㄱ   ① 맞음   ② 틀림

Ⓠ 다음의 보기에서 각 문제의 왼쪽에 표시된 굵은 글씨체의 기호, 문자, 숫자의 개수를 모두 세어 오른쪽
개수에서 찾으시오. 【93~100】

93

↑	→↑←↓→↓←↑←↓ ↑→↓←↑↑↓→↓←↑→↓←↑

① 5개 　　　　　　　　　　② 6개
③ 7개 　　　　　　　　　　④ 8개

94

◇	▽△□◇◎○☆※§ ☆◎□△▽○◇§ ※◇☆※§ ▽□◇◎◇○◇▽

① 3개 　　　　　　　　　　② 4개
③ 5개 　　　　　　　　　　④ 6개

95

3	321546578935471942345678231354793453

① 5개 　　　　　　　　　　② 6개
③ 7개 　　　　　　　　　　④ 8개

96

| <u>4</u> | 46836548587568432657832643245343284326462632546725 |

① 8개　　　　　　　　　　　　　　② 9개
③ 10개　　　　　　　　　　　　　④ 11개

97

| <u>h</u> | I cut it while handling the tools. |

① 1개　　　　　　　　　　　　　　② 2개
③ 3개　　　　　　　　　　　　　　④ 4개

98

| <u>ㅌ</u> | 탈 것이나 짐승의 등 따위에 몸을 얹다. |

① 1개　　　　　　　　　　　　　　② 2개
③ 3개　　　　　　　　　　　　　　④ 4개

99

| ㄴ | 부끄럼이나 노여움 따위의 감정이나 간지럼 따위의 육체적 느낌을 쉽게 느끼다. |

① 4개   ② 5개
③ 6개   ④ 7개

100

| e | When I find myself in times of trouble Mother Mary comes to me |

① 5개   ② 6개
③ 7개   ④ 8개

직무성격검사

※ 직무성격검사는 응시자의 성격이 부사관 직무에 적합한지를 파악하기 위한 검사
로서 별도의 정답이 존재하지 않습니다.

Q 다음 상황을 읽고 제시된 질문에 답하시오. 【001~180】

① 전혀 그렇지 않다	② 그렇지 않다	③ 보통이다	④ 그렇다	⑤ 매우 그렇다

001	나는 남에게 거절당하거나 배척당하는 것이 싫어서 사람들과 접촉이 많은 일은 하고 싶지 않다.	① ② ③ ④ ⑤
002	나한테 호감을 갖고 있지 않은 사람과는 그다지 관계를 맺고 싶지 않다.	① ② ③ ④ ⑤
003	다른 사람이 나를 싫어하면 안 되므로 친한 사이에서도 자신을 억제하며 사귀는 편이다.	① ② ③ ④ ⑤
004	바보 취급당하지나 않을지, 동료들 사이에서 외톨이가 되지는 않을 지 항상 불안하다.	① ② ③ ④ ⑤
005	만나기로 한 약속을 바로 직전에 취소할 때가 자주 있다.	① ② ③ ④ ⑤
006	나는 매력적이지 않아 다른 사람들이 나를 그다지 좋아하지 않는 것 같다.	① ② ③ ④ ⑤
007	새로운 일을 하려 해도 잘 되지 않을지 모른다는 불안감에 실행하지 못하다 가 포기해 버릴 때가 종종 있다.	① ② ③ ④ ⑤
008	대수롭지 않은 일도 혼자서는 결정하지 못하는 편이다.	① ② ③ ④ ⑤
009	중요한 일이나 귀찮은 일은 남한테 시킬 때가 많다.	① ② ③ ④ ⑤
010	부탁 받으면 거절하지 못하고 응한다.	① ② ③ ④ ⑤
011	일을 스스로 계획해서 솔선수범하기보다는 남들이 하는 대로 따라서 하는 편이 속 편하다.	① ② ③ ④ ⑤
012	상대한테 잘 보이려고 하기 싫은 일을 할 때고 있다.	① ② ③ ④ ⑤

013	난 혼자서는 살아갈 자신이 없다.	① ② ③ ④ ⑤
014	애인이나 친구와 헤어지면 바로 대신할 사람을 구하는 편이다.	① ② ③ ④ ⑤
015	소중한 사람한테 버림받을까봐 불안하다.	① ② ③ ④ ⑤
016	사소한 데에 지나치게 얽매인다.	① ② ③ ④ ⑤
017	일을 완벽하게 하려다 때를 놓친 때가 많다.	① ② ③ ④ ⑤
018	일이나 공부에 열중한 나머지 오락이나 사람들과의 교제는 뒷전으로 미루기 일쑤이다.	① ② ③ ④ ⑤
019	부정이나 대충 넘어가는 것은 용납할 수가 없다.	① ② ③ ④ ⑤
020	도움이 되지 않는다는 걸 알면서도 잘 버리지 못한다.	① ② ③ ④ ⑤
021	자신의 말을 듣지 않는 사람과는 잘 지내지 못한다.	① ② ③ ④ ⑤
022	돈은 가능한 한 절약해서 장래를 위하여 저축해야 한다고 생각한다.	① ② ③ ④ ⑤
023	완고하다는 소리를 자주 듣는 편이다.	① ② ③ ④ ⑤
024	다른 사람을 방심해서는 안 되는 존재라고 생각한다.	① ② ③ ④ ⑤
025	친구나 동료라도 믿지 못할 때가 있다.	① ② ③ ④ ⑤
026	나의 비밀이나 개인 신상에 관하여 남한테 말하지 않는 편이다.	① ② ③ ④ ⑤
027	다른 사람의 말에 쉽게 상처를 받는다.	① ② ③ ④ ⑤
028	다른 사람이 나를 빈정거리거나 비난하면 톡 쏘는 편이다.	① ② ③ ④ ⑤
029	배우자나 애인이 몰래 바람피우지 않는지 의심할 때가 있다.	① ② ③ ④ ⑤
030	고독을 즐기고, 아무하고도 친밀한 관계를 맺고 싶지 않다.	① ② ③ ④ ⑤
031	혼자서 행동할 때가 많다.	① ② ③ ④ ⑤
032	섹스에는 그다지 흥미가 없다.	① ② ③ ④ ⑤

033	무엇을 해도 가슴 설레는 기쁨이나 즐거움을 그다지 못 느낀다.	① ② ③ ④ ⑤
034	진정으로 신뢰할 수 있는 친구가 있다.	① ② ③ ④ ⑤
035	다른 사람들이 뭐라 해도 그다지 신경 쓰지 않는다.	① ② ③ ④ ⑤
036	희로애락을 잘 느끼지 못하고 언제나 냉정한 편이다.	① ② ③ ④ ⑤
037	다음 사람들이 이야기하고 있으면 나에 대해 말하고 있는 것처럼 느껴질 때가 많다.	① ② ③ ④ ⑤
038	예언, 초능력, 영혼, 텔레파시, 육감 등과 같은 불가사의한 현상을 느낄 때가 많다.	① ② ③ ④ ⑤
039	소리, 미세한 움직임까지 무슨 신호나 의도를 느끼거나 순간적으로 몸에서 기묘한 감각을 느낄 때가 있다.	① ② ③ ④ ⑤
040	말을 빙 돌려서 한다거나 하고 싶은 말이 무엇인지 잘 모르겠다는 소릴 듣는다.	① ② ③ ④ ⑤
041	쉽게 사람을 믿지 못하는 편이다.	① ② ③ ④ ⑤
042	엉뚱하게 반응하거나 빗나갔다는 소릴 듣는다.	① ② ③ ④ ⑤
043	별종이라든가 독특하다는 소리를 들을 때가 있다.	① ② ③ ④ ⑤
044	진정한 친구가 없다.	① ② ③ ④ ⑤
045	세상은 두려운 곳이라고 생각한다.	① ② ③ ④ ⑤
046	사람들의 관심을 끌거나 주목받기를 좋아한다.	① ② ③ ④ ⑤
047	이성의 호감을 사는 편이다.	① ② ③ ④ ⑤
048	변덕스럽고 기분이 잘 변한다.	① ② ③ ④ ⑤
049	외모나 패션에 상당히 신경을 쓴다.	① ② ③ ④ ⑤
050	말을 잘해서 같이 있으면 즐겁다는 소리를 듣는다.	① ② ③ ④ ⑤

051	자기 기분이나 표정, 몸짓을 과장되게 표현하는 편이다.	① ② ③ ④ ⑤
052	상대의 태도나 장소의 분위기에 민감하다.	① ② ③ ④ ⑤
053	알게 되면 금방 편안하게 이야기하는 편이다.	① ② ③ ④ ⑤
054	나한테는 세상 사람들이 모르는 재능이나 뛰어난 점이 있다고 생각한다.	① ② ③ ④ ⑤
055	대성해서 유명인이 되거나 이상적인 애인을 만나기를 꿈꾼다.	① ② ③ ④ ⑤
056	나는 남들과 다른 특별한 사람이라고 생각된다.	① ② ③ ④ ⑤
057	주변 사람들의 칭찬이 더할 나위 없는 격려가 된다.	① ② ③ ④ ⑤
058	다소 무리를 해서라도 내가 원하는 바를 남들이 하게 만든다.	① ② ③ ④ ⑤
059	원하는 것을 손에 넣기 위해서라면 남을 이용하거나 감언이설로 넘어오게 할 자신이 있다.	① ② ③ ④ ⑤
060	제멋대로 행동하고 남을 그다지 배려하지 않는다.	① ② ③ ④ ⑤
061	친구나 알고 지내는 사람의 행복을 보면 질투심이 생긴다.	① ② ③ ④ ⑤
062	태도가 거만하거나 자존심이 높다고 평가된다.	① ② ③ ④ ⑤
063	소중한 사람한테 버림받지 않을까 하는 불안감에서, 버림받지 않으려고 필사적으로 매달려 상대를 곤란하게 만든다.	① ② ③ ④ ⑤
064	상대를 이상적인 사람이라고 여기다가 환멸감이 느껴질 때 그 격차가 아주 크다.	① ② ③ ④ ⑤
065	내가 어떤 인간인지 모를 때가 있다.	① ② ③ ④ ⑤
066	충동적으로 위험한 일이나 좋지 않은 일을 할 때가 있다.	① ② ③ ④ ⑤
067	자살을 기도하거나 하고 싶다는 말을 해서 주변 사람들을 곤란하게 만든 적이 있다	① ② ③ ④ ⑤
068	하루 동안에도 기분이 천당과 지옥을 오간다.	① ② ③ ④ ⑤

069	언제나 마음속 어딘가에 공허감이 숨어 있다.	① ② ③ ④ ⑤
070	대수롭지 않은 일도 내 뜻대로 되지 않으면 격노한다.	① ② ③ ④ ⑤
071	지나치게 생각에 골몰하거나 기억이 나지 않을 때가 있다.	① ② ③ ④ ⑤
072	위법적인 행동을 반복한다.	① ② ③ ④ ⑤
073	나의 이익이나 쾌락을 위해 남을 속인 적이 있다.	① ② ③ ④ ⑤
074	임기응변에 능하고 미래보다 현재에 만족하면 된다고 생각한다.	① ② ③ ④ ⑤
075	말보다 손이 먼저 나가거나 폭력을 행사한다.	① ② ③ ④ ⑤
076	위험에 그다지 신경 쓰지 않고 목숨을 두려워하지 않는다.	① ② ③ ④ ⑤
077	일을 금방 그만두거나 빚을 갚지 않는다.	① ② ③ ④ ⑤
078	약자를 괴롭히는 데 약간의 쾌감을 느낀다.	① ② ③ ④ ⑤
079	익숙하지 않은 대인관계 상황에서도 편안함을 느낀다.	① ② ③ ④ ⑤
080	사교적이어야 하는 자리는 피한다.	① ② ③ ④ ⑤
081	낯선 사람들과 함께 있을 때 쉽게 마음을 편하게 가질 수 있다.	① ② ③ ④ ⑤
082	특별히 사람들을 피하고 싶은 생각은 없다.	① ② ③ ④ ⑤
083	사교적인 모임에서 나는 자주 당황함을 느낀다.	① ② ③ ④ ⑤
084	사교적인 모임에서 대게는 편안함을 느낀다.	① ② ③ ④ ⑤
085	이성에게 말을 걸 때 대체로 마음이 편하다.	① ② ③ ④ ⑤
086	사람들과 잘 알지 못하면, 그들에게 말을 거는 것을 피하려 한다.	① ② ③ ④ ⑤
087	새로운 사람과 만날 기회가 오면 자주 거기에 응한다.	① ② ③ ④ ⑤
088	남녀가 같이 있는 일상적인 모임에서 자주 신경이 예민해지고 긴장된다.	① ② ③ ④ ⑤

089	잘 모르는 사람들과 함께 있을 때 대체로 신경이 예민해진다.	① ② ③ ④ ⑤
090	많은 사람들과 같이 있을 때 보통 편안함을 느낀다.	① ② ③ ④ ⑤
091	나는 자주 사람들로부터 멀리 떨어져 있고 싶다.	① ② ③ ④ ⑤
092	모르는 사람들 속에 있으면 보통 마음이 편치 않다.	① ② ③ ④ ⑤
093	사람을 처음 만날 때 대체로 편안함을 느낀다.	① ② ③ ④ ⑤
094	사람들에게 소개될 때면 나는 긴장되고 마음이 졸인다.	① ② ③ ④ ⑤
095	방에 낯선 사람이 꽉 차 있을 때에도 나는 거리낌 없이 들어간다.	① ② ③ ④ ⑤
096	여러 사람들이 모여 있는데 다가가서 어울리는 것을 피한다.	① ② ③ ④ ⑤
097	윗사람들이 나와 이야기하는 것을 원하면 나는 기꺼이 이야기한다.	① ② ③ ④ ⑤
098	많은 사람들과 있으면 자주 마음이 불편해진다.	① ② ③ ④ ⑤
099	사람을 피하려는 경향이 있다.	① ② ③ ④ ⑤
100	파티나 친목회에서 사람들에게 말을 건네는 것을 꺼리지 않는다.	① ② ③ ④ ⑤
101	많은 사람들과 함께 있으면 좀처럼 편한 마음을 가지기가 힘들다.	① ② ③ ④ ⑤
102	사교적인 약속을 피하려고 자주 핑계를 생각해낸다.	① ② ③ ④ ⑤
103	나는 때때로 사람들을 서로 소개시켜 주는 책임을 맡는다.	① ② ③ ④ ⑤
104	공식적인 사교상의 일을 피하려고 한다.	① ② ③ ④ ⑤
105	사교적인 약속이라면 그것이 무엇이든지 대게 지키는 편이다.	① ② ③ ④ ⑤
106	다른 사람들과 함께 있을 때 쉽게 편안해진다.	① ② ③ ④ ⑤
107	나는 우리나라를 사랑한다.	① ② ③ ④ ⑤
108	나는 빵보다 떡을 더 좋아한다.	① ② ③ ④ ⑤

109	나는 늘 배가 고프다.	① ② ③ ④ ⑤
110	나는 영화를 좋아한다.	① ② ③ ④ ⑤
111	가족 중에 나를 괴롭히고 못살게 구는 사람이 있다.	① ② ③ ④ ⑤
112	나는 부모님들의 부당한 강요를 더 이상 견디기 어렵다.	① ② ③ ④ ⑤
113	나는 가족의 따뜻한 사랑을 받지 못하고 자랐다.	① ② ③ ④ ⑤
114	돈 때문에 심각한 어려움을 겪었던 적이 있다.	① ② ③ ④ ⑤
115	다른 사람들과 친밀한 관계를 거의 갖지 못한다.	① ② ③ ④ ⑤
116	내 주변 사람들이 나만 괴롭히는 것 같다.	① ② ③ ④ ⑤
117	교실에서의 기합 등 학교폭력은 아직도 많이 존재한다.	① ② ③ ④ ⑤
118	성희롱으로 불쾌감을 느낀 적이 있다.	① ② ③ ④ ⑤
119	나는 말이나 행동이 거친 편이다.	① ② ③ ④ ⑤
120	나는 학생시절 떠든다고 지적을 받은 경우가 많다.	① ② ③ ④ ⑤
121	난는 부모님으로부터 꾸중을 들은 경우가 많다.	① ② ③ ④ ⑤
122	나는 학교 다닐 때 말썽을 일으켜 벌을 받은 적이 있다.	① ② ③ ④ ⑤
123	나는 화가 나면 상대가 나이가 많거나 힘이 세도 대든다.	① ② ③ ④ ⑤
124	나는 화가 나면 물불을 가리지 않는 편이다.	① ② ③ ④ ⑤
125	최근에는 나도 모르게 화가 나서 누군가를 때린 적이 있었다.	① ② ③ ④ ⑤
126	나는 요즘 화를 내거나 과격한 행동을 자주 한다.	① ② ③ ④ ⑤
127	최근에 구체적인 자살계획을 세운 적이 있다.	① ② ③ ④ ⑤
128	죽으면 모든 문제가 해결된다고 생각한다.	① ② ③ ④ ⑤

129	죽고 싶다는 생각을 자주 한다.	① ② ③ ④ ⑤
130	가끔 자살하는 사람들이 부럽다.	① ② ③ ④ ⑤
131	끔찍한 경험으로 지금까지도 죄책감을 느끼고 있다.	① ② ③ ④ ⑤
132	과거의 좋지 못한 경험이 지금도 나를 괴롭히고 있다.	① ② ③ ④ ⑤
133	예전에 있었던 심각한 일들이 계속 떠올라 힘들다.	① ② ③ ④ ⑤
134	나는 무슨 일을 하면 꼭 후회한다.	① ② ③ ④ ⑤
135	인터넷을 하느라 밤을 샌 적이 있다.	① ② ③ ④ ⑤
136	나는 부탄가스니 본드 등을 흡입한 적이 있다.	① ② ③ ④ ⑤
137	술이나 담배로 문제를 일으킨 적이 있다.	① ② ③ ④ ⑤
138	나는 남에게 돈을 자주 빌리는 버릇이 있다.	① ② ③ ④ ⑤
139	혼자 있을 때 가끔 이상한 소리가 들린다.	① ② ③ ④ ⑤
140	내 안에 완전히 다른 여러 인물이 있는 것 같다.	① ② ③ ④ ⑤
141	때로는 사람이 물건으로 보일 때가 있다.	① ② ③ ④ ⑤
142	내 영혼이 가끔 내 몸을 떠난다.	① ② ③ ④ ⑤
143	누가 내 뒤를 몰래 따라 다니는 것 같다.	① ② ③ ④ ⑤
144	한 가지 일에 정신을 집중하기가 어렵다.	① ② ③ ④ ⑤
145	머리가 자주 쑤시고 아프다.	① ② ③ ④ ⑤
146	나는 아무 이유도 없이 불안할 때가 많다.	① ② ③ ④ ⑤
147	나는 사는 것 자체가 힘들고 불행하다고 자주 느낀다.	① ② ③ ④ ⑤
148	나는 항상 힘이 없고 매사에 자신이 없다.	① ② ③ ④ ⑤

149	나는 사는 것이 도무지 즐겁지가 않다.	① ② ③ ④ ⑤
150	나는 걱정이 많고 같은 생각을 반복할 때가 많다.	① ② ③ ④ ⑤
151	나를 아는 사람들은 대부분 나를 좋아한다.	① ② ③ ④ ⑤
152	사람들은 내가 재치 있고 똑똑한 사람으로 알고 있다.	① ② ③ ④ ⑤
153	나에게 어려움이 닥쳐도 이겨낼 자신이 있다.	① ② ③ ④ ⑤
154	나의 미래는 밝다고 생각한다.	① ② ③ ④ ⑤
155	혼자보다는 사람들과 함께 작업하는 것을 좋아한다.	① ② ③ ④ ⑤
156	친구들의 문제에 대하여 상담을 잘 해준다.	① ② ③ ④ ⑤
157	낯선 사람과도 말을 잘 건네고 쉽게 가까워진다.	① ② ③ ④ ⑤
158	나는 좋은 친구들이 많은 편이다.	① ② ③ ④ ⑤
159	나는 내가 속한 집단을 위해서라면 내 주장을 꺾을 수 있다.	① ② ③ ④ ⑤
160	나는 다른 사람들의 입장을 먼저 생각한 다음 행동한다.	① ② ③ ④ ⑤
161	따뜻한 사랑을 나누고 보살펴 주는 것을 잘 한다.	① ② ③ ④ ⑤
162	친절히 가르쳐주고 상담해 주는 것을 잘한다.	① ② ③ ④ ⑤
163	나는 단체 생활도 잘 해낼 것 같다.	① ② ③ ④ ⑤
164	나는 단체 생활에서 눈치가 빠른 편이다.	① ② ③ ④ ⑤
165	나는 여러 사람들이 모여 힘든 일을 해내는 것이 재미있다.	① ② ③ ④ ⑤
166	조직 사회에서는 개인의 불만을 참고 서로 협력해야 한다.	① ② ③ ④ ⑤
167	나는 몸이 튼튼해야 정신도 건강해진다고 생각한다.	① ② ③ ④ ⑤
168	나는 건강한 편이라 감기 등 병에 잘 걸리지 않는 편이다.	① ② ③ ④ ⑤

169	나는 실내에서 가만히 있는 것보다 야외 활동을 좋아한다.	① ② ③ ④ ⑤
170	나는 단체로 할 수 있는 운동경기를 좋아한다.	① ② ③ ④ ⑤
171	나는 주변 사람들로부터 적극적이라는 말을 자주 듣는다.	① ② ③ ④ ⑤
172	나는 윗사람들 앞에서도 소신 있게 이야기 한다.	① ② ③ ④ ⑤
173	나는 좋은 의도라고 하더라도 거짓말을 하지 않으려고 노력한다.	① ② ③ ④ ⑤
174	남들과 똑같이 하기 보다는 남들과 다른 새로운 방법을 생각해 보곤 한다.	① ② ③ ④ ⑤
175	항상 보면 자기 할 일을 제대로 해 놓지 않은 사람들이 불평이 더 많다.	① ② ③ ④ ⑤
176	나는 확실하지만 직은 이익보다는 불확실하더라도 큰 이익을 추구한다.	① ② ③ ④ ⑤
177	나는 내가 저지른 실수를 잘 용납하지 않는 편이다.	① ② ③ ④ ⑤
178	나는 화가 나면 상대가 누구든 언성을 높여 이야기 한다.	① ② ③ ④ ⑤
179	오래 사귄 친구도 얼마든지 나를 속일 가능성이 있다고 생각한다.	① ② ③ ④ ⑤
180	나는 스스로를 자책할 때가 많다.	① ② ③ ④ ⑤

상황판단검사

※ 상황판단검사는 주어진 상황에서 응시자의 행동을 파악하기 위한 검사로서 별도
　의 정답이 존재하지 않습니다.

Q 다음 상황을 읽고 제시된 질문에 답하시오. 【01~15】

01

> 당신은 지휘실습 중인 초임장교이다. 실습 간 A중사와 심한 언쟁이 있었다. 앞으로 자대 배치 후 사이가 원만하지 않을 것 같다. 부대 및 업무 적응도 걱정인데 부대 내 대인관계 또한 걱정된다. 동기들은 계급으로 눌러버리라고 하지만 모든 것이 생소한 당신은 현실적으로 쉽지 않다고 판단하고 있다. 지휘실습은 앞으로 2일 후면 종료되고 당신은 초군반 보병학교로 복귀하게 된다.

이 상황에서 당신이 ⓐ 가장 할 것 같은 행동은 무엇입니까?

　　　　　　　　　　　ⓑ 가장 하지 않을 것 같은 행동은 무엇입니까?

| ⓐ 가장 할 것 같은 행동 | (　　　) |
| ⓑ 가장 하지 않을 것 같은 행동 | (　　　) |

선택지
① 지휘실습이 종료되기 전 문제해결을 위해 A중사와 이야기를 나눈다.
② 초군반 훈육장교에게 지휘실습 간 문제를 보고하고 도움을 청한다.
③ 부대 주임원사에게 A중사와의 언쟁을 이야기하고 조치를 요구한다.
④ 선배장교들에게 조언을 구하고, 장교단 정신이 훼손되지 않도록 행동한다.
⑤ 원활한 부대생활이 어려울 것으로 판단, 부대 변경을 건의한다.

02

당신은 인사장교이다. 외국 영주권을 보유하고 있는 자발적 입영 신병이 부대로 전입되었다. 초등학교 때 이민을 가서 그런지 한국어에 서투르다. 자발적 입영 신병이라 상급부대 및 언론에서도 관심이 높다. 상대적으로 편안한 보직을 주기도 어렵고, 그렇다고 전투병 보직을 주자니 임무 수행이 가능할지 의문이다.

이 상황에서 당신이 ⓐ 가장 할 것 같은 행동은 무엇입니까?
ⓑ 가장 하지 않을 것 같은 행동은 무엇입니까?

ⓐ 가장 할 것 같은 행동	(	)
ⓑ 가장 하지 않을 것 같은 행동	(	)

선택지
① 타부대의 유사사례를 확인하여 비슷하게 결정한다.
② 공정하게 다른 병사들과 동일하게 적용하여 보직을 부여한다.
③ 당신이 결정하기 어려운 만큼 대대장에게 결정을 위임한다.
④ 자발적 입영 신병의 의사를 묻고, 본인이 선호하는 방향으로 결정해준다.
⑤ 상급부대와 언론의 의중을 따라 결정을 한다.

03

당신은 인사장교이다. 대선을 앞두고 사전투표를 진행해야 한다. 투표장소가 부대에서 10여분 차로 이동해야 하는 거리이다. 차량 섭외가 안 되어 부득이 5t트럭을 타고 이동해야 한다. 상급부대에서는 대군 이미지를 고려하여 가급적 대중교통이나 대형버스를 이용하라고 한다. 사전투표는 부대별 주어진 시간이 있어 반드시 시간을 준수해야 한다.

이 상황에서 당신이 ⓐ 가장 할 것 같은 행동은 무엇입니까?
　　　　　　　　　ⓑ 가장 하지 않을 것 같은 행동은 무엇입니까?

ⓐ 가장 할 것 같은 행동　　　　　　　(　　　　　)
ⓑ 가장 하지 않을 것 같은 행동　　　　(　　　　　)

선택지
① 투표 시간준수가 최우선인 만큼 5t트럭을 타고 이동한다.
② 상급부대 지시사항이 현장에서 관철되기 어려움을 밝히고 대대장에게 지침을 구한다.
③ 간부들의 돈을 모아 대형버스를 빌린다.
④ 대중교통을 이용하여 이동하되 투표시간 준수를 위해 일찍 출발한다.
⑤ 투표를 희망하는 인원만 선별하여 투표 이동방법을 고민한다.

04

> 당신은 신임 부사관이다. 과거 학창시절 햇볕에 장시간 노출 시 정신을 잃고 쓰러지는 경우가 종종 있었다. 오늘은 임관식이다. 무더운 여름날 야외에서 장시간 행사를 진행하게 된다. 임관식에는 육군 교육사령관을 비롯한 여러 장군들과 신임 부사관 가족들이 참가한다. 오랜 교육 후 부모님을 만나 뵐 생각을 하니 설레인다.

이 상황에서 당신이 ⓐ 가장 할 것 같은 행동은 무엇입니까?
ⓑ 가장 하지 않을 것 같은 행동은 무엇입니까?

ⓐ 가장 할 것 같은 행동	( )
ⓑ 가장 하지 않을 것 같은 행동	( )

선택지
① 행사 간 쓰러질 수 있는 만큼 건강상태를 확인할 수 있도록 의무대를 방문하여 군의관과 상담한다.
② 훈육관에게 과거 쓰러진 사례를 보고하고, 임관식에선 빠질 수 있는지 문의한다.
③ 가족들에게 당당한 모습을 보여주고자 임관식에 참석한다.
④ 동기들에게 내 건강상태를 알리고 행사 간 쓰러져도 놀라지 말 것을 당부한다.
⑤ 임관식과 동일한 환경을 조성하여 쓰러지는지 확인해 본다.

05

당신은 인사장교이다. 상급부대로부터 '지역 특화 부대 멘토 자문위원' 5명을 위촉하라는 지시가 하달되었다. 통상 사회 저명인사나 전문가들을 위촉한다. 기존에 경험하지 못한 업무라 어떻게 추진해야 할지 막막하다. 대대장에게 보고하니 실무라인에서 잘 준비해 보라고 한다. 작전과장도 최근 전입을 와 지역 저명인사는 잘 모르겠다는 반응이다.

이 상황에서 당신이 ⓐ 가장 할 것 같은 행동은 무엇입니까?
ⓑ 가장 하지 않을 것 같은 행동은 무엇입니까?

ⓐ 가장 할 것 같은 행동　　　　　　　(　　　　　)
ⓑ 가장 하지 않을 것 같은 행동　　　　(　　　　　)

선택지
① 상급부대에 멘토 자문위원 위촉이 어려움을 보고한다.
② 인접부대 추진상황을 확인하고, 비슷하게 진행한다.
③ 지역사회에 해박한 주임원사에게 도움을 청한다.
④ 대대급에 멘토 자문위원이 왜 필요한지 육군본부에 민원을 제출한다.
⑤ 당신의 대학교수 및 주변지인들을 통해 확보한 인사들로 자문위원 위촉을 준비한다.

06

당신은 정훈장교이다. 대대장으로부터 부대 미담사례를 발굴하여 국방일보에 홍보하라는 지시를 받았다. 평소 부대 신문이나 통신문은 작성해 보았으나 보도자료 작성은 생소하다. 중대장들에게 미담사례를 보고해 달라 하였으나 제출된 미담사례는 전무하다. 대대장은 타부대 미담사례가 보도된 국방일보를 보여주며 재차 홍보를 강조하였다.

이 상황에서 당신이 ⓐ 가장 할 것 같은 행동은 무엇입니까?
　　　　　　　　　 ⓑ 가장 하지 않을 것 같은 행동은 무엇입니까?

ⓐ 가장 할 것 같은 행동　　　　　　　　 (　　　　　　)
ⓑ 가장 하지 않을 것 같은 행동　　　　　 (　　　　　　)

선택지
① 대대장에게 우리부대는 미담사례가 없음을 보고한다.
② 중대장과 협조하여 미담사례를 만들어 낸다.
③ 정훈교육시간을 활용하여 중대별 미담사례 제출을 강조한다.
④ 병사들을 1:1 대면하여 미담사례가 있는지 묻는다.
⑤ 미담사례 발굴이 정훈업무 인지 고민되는 만큼 상급부대 감찰에 부당한 지시임을 제보한다.

07

당신은 부소대장이다. 부사관 학교와 자대에서 응급처치 교육을 이수하였다. 응급처치 교육에는 심폐소생술이 포함되어 있다. 교육훈련 중 A일병이 쓰러졌다. 심폐소생술이 필요하다. 당신은 응급처치 교육을 이수하긴 하였으나 방법이 가물가물하고 행여 잘못된 응급처치로 환자 상태가 더 악화되지는 않을까 걱정이다.

이 상황에서 당신이 ⓐ 가장 할 것 같은 행동은 무엇입니까?
　　　　　　　　　 ⓑ 가장 하지 않을 것 같은 행동은 무엇입니까?

ⓐ 가장 할 것 같은 행동　　　　　　　(　　　　)
ⓑ 가장 하지 않을 것 같은 행동　　　　(　　　　)

선택지
① 119에 신고하고 환자를 그늘진 곳으로 옮긴다.
② 부대 군의관에게 전화하여 상황을 설명하고 전화로 응급처치 방법을 묻는다.
③ 구급차가 올 때까지 스마트폰으로 심폐소생술을 검색하여 시행해 본다.
④ 최초 대응이 중요한 만큼 알고 있는 만큼 심폐소생술을 시행한다.
⑤ 환자를 건드리지 않고, 119 신고 후 부대 군의관을 호출한다.

08

당신은 보급수불담당관이다. 예하부대 행정보급관들은 상사로 당신이 대하기 어렵다. 행정보급관들은 보급품이 적시에 지급되지 않는다며 불만이 많다. 당신은 나름대로 정해진 규정과 방침에 맞춰 업무하고 있으나 행정보급관들은 현실과 괴리된 탁상행정이라며 비판하곤 한다. 연말에는 지휘관 교체 전 감찰예방 활동도 계획되어 있어 예하부대 행정보급관들의 협조가 절실한 사정이다.

이 상황에서 당신이 ⓐ 가장 할 것 같은 행동은 무엇입니까?
ⓑ 가장 하지 않을 것 같은 행동은 무엇입니까?

ⓐ 가장 할 것 같은 행동   (   )
ⓑ 가장 하지 않을 것 같은 행동   (   )

선택지
① 예하부대 사정을 봐가며 탄력적으로 보급품을 지급한다.
② 규정과 방침대로 계속 업무 한다.
③ 주임원사에게 업무상 어려움을 토로하고, 행정보급관 통제를 요청한다.
④ 당신의 업무에만 충실하고, 추후 감찰예방 활동간 예하부대 행태가 식별되도록 방치한다.
⑤ 행정보급관들에게 업무 협조를 거듭 요청하고, 가급적 규정 내에서 업무토록 노력한다.

당신은 부대 인근 지역 공부방 재능기부를 하는 정훈장교이다. 일과 후 초등학교 학생들에게 영어를 가르치고 있다. 스승의 날이라고 공부방 학생들이 선물과 케익을 준비하였다. 재능기부라 일체의 대가성 선물, 금전 등을 받아선 안 되는 것으로 알고 있다. 거부 의사를 밝혔으나 학생들의 정성을 외면하기도 어렵다.

이 상황에서 당신이 ⓐ 가장 할 것 같은 행동은 무엇입니까?
　　　　　　　　 ⓑ 가장 하지 않을 것 같은 행동은 무엇입니까?

ⓐ 가장 할 것 같은 행동　　　　　　　(　　　　　)
ⓑ 가장 하지 않을 것 같은 행동　　　　(　　　　　)

선택지
① 김영란법에 의거 문제 여부를 확인하고 수령한다.
② 학생들의 정성을 감안하여 선물 등을 수령한다.
③ 학생들 부모님에게 연락하여 정중히 거절 의사를 밝힌다.
④ 학교 측에서 중재해 줄 것을 부탁한다.
⑤ 대대장에게 보고하고 지시에 따른다.

10

> 당신은 해안초소 소초장이다. 초소에 설치된 열상감시장비(TOD)가 고장 났다. 군수계통으로 고장신고 하였으나 정비가 밀려 한 달 이후에나 수리가 가능할 것 같다고 한다. TOD는 야간 해안 감시에 없어서는 안 될 필수 장비로 경계에 공백이 발생할까 우려된다. 상급부대에서는 야투경을 초소근무자에게 착용시키라 하나 장시간 운용과 가시범위 제한으로 실효성이 의문이다.

이 상황에서 당신이 ⓐ 가장 할 것 같은 행동은 무엇입니까?
　　　　　　　　ⓑ 가장 하지 않을 것 같은 행동은 무엇입니까?

ⓐ 가장 할 것 같은 행동	(	)
ⓑ 가장 하지 않을 것 같은 행동	(	)

선택지
① 상급부대에서 지시한대로 야투경을 비치 / 운용한다.
② 경계공백이 있어서는 안 되는 만큼 당신이 직접 초소에 상주하며 감시한다.
③ TOD를 수리할 수 있는 민간사업자를 수소문한다.
④ 초소근무자를 증원 편성하고, 다양한 감시방법을 강구한다.
⑤ 상대적으로 중요도가 떨어지는 초소의 TOD를 조정 배치한다.

11

당신은 정훈부사관이다. 사단은 도서 약 천 여권을 개인으로부터 기증받았다. 정훈참모는 기존의 보유 도서를 포함하여 사단본부 내 도서관을 만들어보자고 한다. 기증받은 도서를 확인하니 종교와 특정분야 전공서적이 주를 이뤄 병사들의 사용이 저조할 것으로 판단된다. 책의 상태 또한 불량하다. 병사들 설문조사 결과 자기개발 도서를 가장 필요로 하고 있다.

이 상황에서 당신이 ⓐ 가장 할 것 같은 행동은 무엇입니까?

ⓑ 가장 하지 않을 것 같은 행동은 무엇입니까?

ⓐ 가장 할 것 같은 행동(   )

ⓑ 가장 하지 않을 것 같은 행동   (   )

선택지
① 정훈참모에게 도서관 신설이 현실적으로 어려움을 밝힌다.
② 병사들이 필요로 하는 도서 위주로 다시금 기증받을 것을 건의한다.
③ 장병들 선호도와 상관없이 상급자 지시에 맞춰 도서관을 준비한다.
④ 일단 도서관을 만들고, 도서관내 도서를 장병들이 선호하는 도서로 바꾸어 나간다.
⑤ 지금 보유도서로는 도서관 운영 시 부정적 인상만 줄 수 있기 때문에 도서관 신설을 연기한다.

12

당신은 신임 장교이다. 상급부대 지시로 군 간부로 활약할 우수 국방 인재 획득을 위해 모교(고등학교)에 방문하여 장교단 모집 홍보활동에 나섰다. 최초 학교와 약속한 시간에 맞춰 휴가를 냈으나, 하루 전 학교 측으로부터 다른 날은 안 되냐며 일정변경을 요청받았다. 학교 측이 희망하는 날짜는 대대전술훈련이 계획되어 있다.

이 상황에서 당신이 ⓐ 가장 할 것 같은 행동은 무엇입니까?
ⓑ 가장 하지 않을 것 같은 행동은 무엇입니까?

ⓐ 가장 할 것 같은 행동　　　　　　　(　　　　　　)
ⓑ 가장 하지 않을 것 같은 행동　　　　(　　　　　　)

선택지
① 상급부대 지시가 우선인 만큼 학교 측 일정에 적극 협조한다.
② 대대전술훈련도 중요한 만큼 학교 측에 기존 약속 일정 준수를 강조한다.
③ 대대장에게 현 상황을 보고하고 지시에 따른다.
④ 현장 방문 없이 온라인 등을 통한 원격홍보는 없는지 상급부대에 문의한다.
⑤ 대대전술훈련에 참가하되 모교 방문일만 자리를 비운다.

13

> 당신은 초임하사이다. 부대에 인기 걸그룹이 위문공연차 방문하였다. 당신이 평소 매우 좋아하던 걸그룹이다. 행사계획상 공연을 마치고 사인 받을 수 있는 시간이 존재하였다. 당신은 행사 간 주차장을 관리하란 지시를 받아 주차장에 대기 중이다. 행사 시작 후 특별히 할 일이 없다. 선임 부사관들도 당신에게 시간될 때 걸그룹 사인을 받아 달라며 부탁을 하였다.

이 상황에서 당신이 ⓐ 가장 할 것 같은 행동은 무엇입니까?
　　　　　　　　　　ⓑ 가장 하지 않을 것 같은 행동은 무엇입니까?

　ⓐ 가장 할 것 같은 행동　　　　　　　　(　　　　　)
　ⓑ 가장 하지 않을 것 같은 행동　　　　　(　　　　　)

선택지
① 가용한 시간에 걸그룹 사인을 받아 온다.
② 사인을 받고 싶지만 당신의 임무가 있는 만큼 임무에 충실한다.
③ 선임부사관들의 부탁을 외면하기 힘든 만큼 주차장 관리 임무를 다른 부사관에게 부탁하고 다녀온다.
④ 친한 병사에게 사인을 받아다 줄 것을 부탁한다.
⑤ 주차장에 걸그룹 관계자가 보이면 조심스럽게 사인을 얻을 수 있는지 문의한다.

14

당신은 헌병수사관이다. 간부 체력검정 윗몸일으키기를 통제하고 있다. 체력검정은 진급 등 각종 평가 지표로 반영되어 많은 간부들이 중요하게 생각하고 있다. 사단장도 체력검정의 공정성과 투명성을 강조한 바 있다. 부사단장이 윗몸일으키기 평가를 받았으나 합격에 조금 미흡하게 측정되었다. 함께 측정 중인 감찰요원은 합격시켜드려도 될 것 같다고 한다.

이 상황에서 당신이 ⓐ 가장 할 것 같은 행동은 무엇입니까?
　　　　　　　　　ⓑ 가장 하지 않을 것 같은 행동은 무엇입니까?

ⓐ 가장 할 것 같은 행동	(　　　　　)
ⓑ 가장 하지 않을 것 같은 행동	(　　　　　)

선택지
① 규정과 원칙을 지키는 데에는 예외가 있을 수 없는 만큼 불합격 처리한다.
② 사단장의 지시사항을 부사단장에게 언급하고 어쩔 수 없이 불합격 처리함을 밝힌다.
③ 조금 미흡한 만큼 연령과 상황을 고려하여 턱걸이로 합격시킨다.
④ 감찰요원을 비롯한 주변에 간부 체력검정 측정 요원들의 의견을 구한다.
⑤ 현장에선 불합격 처리한 후 상급자의 지침에 맞춰 후속조치 한다.

15

당신은 포반장이다. 주말 간 영외 출타 후 복귀 중이다. 버스에서 할머니 한 분이 힘들어하는 것 같다. 당신은 곧 내려야 한다. 버스는 배차간격이 1시간이라 부대를 지나칠 경우 한참을 도로에서 대기해야 한다. 할머니 주변에 앉아 있는 사람들은 상황을 외면하고 있다. 당신은 의학적 지식이 부족해 도움이 될 수 있을지도 의문이다.

이 상황에서 당신이 ⓐ 가장 할 것 같은 행동은 무엇입니까?
　　　　　　　　　 ⓑ 가장 하지 않을 것 같은 행동은 무엇입니까?

ⓐ 가장 할 것 같은 행동　　　　　(　　　　　)
ⓑ 가장 하지 않을 것 같은 행동　　(　　　　　)

선택지
① 당신이 해결할 수 없을 것 같고, 불필요한 일로 구설수에 오를까 조심스러운 만큼 버스에서 하차한다.
② 할머니 건강에 문제가 있을 수 있는 만큼 할머니 상태를 확인한다.
③ 할머니 주변사람들에게 할머니 상태를 확인해 보라고 이야기 한다.
④ 버스 기사에게 할머니가 이상하다고 이야기 하고 119에 신고한다.
⑤ 할머니에게 보호자나 가족의 연락처를 확인한 후 전화로 연결시켜준다.

실전문제풀이
정답 및 해설

KIDA 간부선발도구 정답 및 해설

정답 및 해설

PART 01 KIDA 간부선발도구 정답 및 해설

언어논리

01	02	03	04	05	06	07	08	09	10	11	12	13	14	15	16	17	18	19	20
④	①	⑤	③	③	②	③	②	③	③	⑤	③	②	④	①	⑤	⑤	③	②	④
21	22	23	24	25	26	27	28	29	30	31	32	33	34	35	36	37	38	39	40
⑤	④	①	②	⑤	③	④	②	①	③	④	⑤	①	②	⑤	③	④	①	①	④
41	42	43	44	45	46	47	48	49	50	51	52	53	54	55	56	57	58	59	60
①	②	②	③	②	④	③	③	③	②	④	②	③	④	①	③	④	③	④	③
61	62	63	64	65	66	67	68	69	70	71	72	73	74	75	76	77	78	79	80
④	①	③	①	④	⑤	⑤	②	④	③	③	①	③	②	③	③	⑤	①	①	④
81	82	83	84	85															
②	②	④	①	④															

01 ④

① 좀 더 일찍이
② 일이 잘못되어 흐지부지됨
③ 다른 것 없이 겨우
④ 두말할 것 없이 당연히, 틀림없이 언제나
⑤ 사정이나 조건 따위가 서로 같지 않게

02 ①

① 다른 것으로 바꾸어 대신함
② 따로따로 갈라놓는 일
③ 목표나 기준에 맞고 안 맞음을 헤아리는 일

④ 보기 좋을 정도로 조금 가늘고 긴 듯함
⑤ 적당히 조절함

03 ⑤

① 자신의 힘을 다하여
② 잠이 든 둥 만 둥 하여 정신이 흐릿한 모양
③ 갈피를 잡을 수 없도록 마구 지껄이는 모양
④ 일에 정신을 온전히 쏟지 않고 꾀를 부리며 들떠 있는 모양
⑤ 어린아이가 탈 없이 잘 놀며 자라는 모양

04 ③

㉠ 단순호치 : 붉은입술과 하얀치아라는 뜻으로, 아름다운 여자를 일컫는다.
㉡ 순망치한 : 입술이 없으면 이가 시리다는 뜻으로, 어느 한쪽이 어려우면 덩달아 어려워진다는 말이다.

05 ③

㉡ 동물들의 사소한 행동의 예→㉠ 동물들은 앞선 예의 행동으로 환경을 변형시킴→㉣ 이러한 동물들의 방식에 대한 통념→㉢ 기존 통념의 맹점

06 ②

② ㉡ 미학에 대한 설명, 예술의 정의에 대한 문제 제기 – ㉢ 아리스토텔레스의 모방론 – ㉠ 낭만주의 사조의 등장으로 모방론 쇠퇴 – ㉣ 낭만주의 사조에 적합한 예술의 새로운 이론의 필요성 대두

07 ③

이 글은 법률 행위로서 '의사표시'의 과정에 대한 설명을 하고 있다. 따라서 효과의사, 표시의사, 행위의사에 이어 표시행위까지의 과정을 예시를 통해 순서대로 설명하고 있으므로 ③의 문장은 삭제되는 것이 적절하다.

08 ②

〈보기〉의 내용은 고대 그리스의 민주주의나 대헌장은 대중 민주주의와는 거리가 멀다는 내용이다. ②의 뒤에 오는 내용은 대중 민주주의의 시작에 대해 말하고 있으므로 〈보기〉의 위치는 ②에 오는 것이 적절하다.

---

09 ③

본문에서 '모든 자연물이 목적을 추구하는 본성을 타고난다.', '그 본성적 목적의 실현은 운동 주체에 항상 바람직한 결과를 가져온다.'의 부분을 통해 ③이 답임을 알 수 있다.
① 자연물이 타고난 본성에 따라 행동하는 것이 이성을 가지고 행동한다고 볼 수는 없다.
②④ 본문에 언급되지 않은 내용이다.
⑤ 사연물은 외적 원인이 아니라 내재적 본성에 따라 운동하며 목직을 실현힌다.

---

10 ③

토크빌은 시민들의 정치적 결사가 소수자들이 다수의 횡포를 견제할 수 있는 수단으로 온전히 가능하기 위해서는 도덕의 권위에 호소해야 한다고 보았다.

---

11 ⑤

글의 전반부에서는 비은행 금융회사의 득세에도 불구하고 여전히 은행이 가진 유동성 공급의 중요성을 언급한다. 또한 글로벌 금융위기를 겪으며 제기된 비대칭정보 문제를 언급하며, 금융시스템 안정을 위해서 필요한 은행의 건전성을 간접적으로 강조하고 있다. 후반부에서는 수익성이 함께 뒷받침되지 않을 경우의 부작용을 직접적으로 언급하며, 은행의 수익성은 한 나라의 경제 전반을 뒤흔들 수 있는 중요한 과제임을 강조한다. 따라서, 후반부가 시작되는 첫 문장은 건전성과 아울러 수익성도 중요하다는 화제를 제시하는 ⑤가 가장 적절하며 자칫 수익성만 강조하게 되면 국가 경제 전반에 영향을 줄 수 있는 불건전한 은행의 문제점이 드러날 수 있으므로 '적정 수준'이라는 문구를 포함시켜야 한다.

12 ③

① 강한 힘이나 권력으로 강제로 억누름
② 자기의 뜻대로 자유로이 행동하지 못하도록 억지로 억누름
③ 위엄이나 위력 따위로 압박하거나 정신적으로 억누름
④ 폭력으로 억압함
⑤ 무겁게 내리누름, 참기 어렵게 강제하거나 강요하는 힘

---

13 ②

① 생각이나 판단력이 분명하고 똑똑함
② 병, 근심, 고생 따위로 얼굴이나 몸이 여위고 파리함
③ 용기나 줏대가 없어 남에게 굽히기 쉬움
④ 마음이나 기운이 꺾임
⑤ 품위나 몸가짐이 속되지 아니하고 훌륭함

---

14 ④

① 어떤 일을 책임 지워 맡김 또는 그 책임
② 어떤 조건에 적합한 대상을 책임지고 소개함
③ 전문적으로 맡거나 혼자서 담당함
④ 일을 부탁하여 맡김
⑤ 남에게 사물이나 사람의 책임을 맡김

---

15 ①

① 남의 재물이나 권리, 자격 따위를 빼앗음
② 남의 권리나 인격을 짓밟음
③ 모조리 잡아 없앰
④ 남의 영토나 권리, 재산, 신분 따위를 침노하여 범하거나 해를 끼침
⑤ 물건이나 영역, 지위 따위를 차지함

16 ⑤

취하다 … 어떤 일에 대한 방책으로 어떤 행동을 하거나 일정한 태도를 가지다.
① 일정한 조건에 맞는 것을 골라 가지다.
② 남에게서 돈이나 물품 따위를 꾸거나 빌리다.
③ 자기 것으로 만들어 가지다.
④ 어떤 특정한 자세를 하다.

---

17 ⑤

찾다 … 모르는 것을 알아내고 밝혀내려고 애쓰다. 또는 그것을 알아내고 밝혀내다.
① 잃거나 빼앗기거나 맡기거나 빌려주었던 것을 돌려받아 가지게 되다.
② 어떤 사람을 만나기나 어떤 곳을 보러 그와 관련된 장소로 옮겨 가다.
③ 원상태를 회복하다.
④ 자신감, 명예, 긍지 따위를 회복하다.

---

18 ③

작업으로서의 일은 생존을 위해 물질적으로는 물론 정신적으로도 풍요한 생활을 위한 도구적 기능을 담당한다.

---

19 ②

② 두 문장에 쓰인 '물다'의 의미가 '윗니와 아랫니 사이에 끼운 상태로 상처가 날 만큼 세게 누르다.' '이, 빈대, 모기 따위의 벌레가 주둥이 끝으로 살을 찌르다.'이므로 다의어 관계이다.
①③④⑤ 두 문장의 단어가 서로 동음이의어 관계이다.

---

20 ④

환멸 … 꿈이나 기대나 환상이 깨어짐 또는 그때 느끼는 괴롭고도 속절없는 마음
① 곤란한 일을 당하여 어찌할 바를 모름
② 심한 모욕 또는 참기 힘든 일
③ 수줍거나 창피하여 볼 낯이 없음
⑤ 뜻밖의 변이나 망신스러운 일을 당함

21 ⑤

⑤ 유행, 풍조, 변화 따위가 일어나 휩쓴다는 의미를 갖는다.

①②③④ 입을 오므리고 날숨을 내어보내어, 입김을 내거나 바람을 일으킨다는 의미를 갖는다.

---

22 ④

㉣ 과소비와 비슷한 말인 과시 소비라는 용어를 제시한 후 ㉡ 과시 소비라는 용어에 대해 설명하고 ㉠ 이러한 과시 소비를 문제로 지적하지 않고 오히려 과시 소비를 하는 자를 모방하려 한다는 내용과 모방 본능이 모방소비를 부추긴다는 내용을 제시한 후 ㉢ 모방소비라는 용어를 설명하며 이러한 모방소비가 큰 경제 악이 된다는 내용을 끝으로 글이 전개되는 것이 옳다.

---

23 ①

㉢ 책을 사와서 독서하는 방식이 현재에는 흔하다는 내용이 먼저 제시되고 ㉠ 근대 이전에는 책을 소유하는 것이 어려웠으며 책을 쓰고 읽는 일 자체를 아무나 할 수 없었다는 내용이 제시된 후 ㉣ 이와 같은 이유로 옛사람들의 독서와 공부 방법은 현재와 달랐다는 이야기가 나오고 ㉣ 관련된 김득신의 일화를 제시하며 ㉡ 그 일화에 대한 설명을 끝으로 글이 전개되는 것이 옳다.

---

24 ②

'워프(Whorf) 역시 사피어와 같은 관점에서 언어가 우리의 행동과 사고의 양식을 주조(鑄造)한다고 주장한다'라는 문장을 통해 언어가 우리의 사고를 결정한다는 것을 확인할 수 있다.

---

25 ⑤

첫 번째 괄호는 바로 전 문장과 반대 되는 내용이 뒤에 문장에 나오므로 '반면에'가 적절하다. 두 번째 괄호는 앞의 내용이 뒤의 내용의 이유나 원인이 되므로 '그러므로'가 적절하다.

---

26 ③

제시된 글의 단락 구조는 주지(민족 문화의 전통 계승의 정당성)와 부연(외래문화의 수용 자세)으로 이루어져있다. 따라서 글의 주제는 주지 부분에 해당하는 민족 문화의 전통 계승의 정당성이라고 할 수 있다

27 ④

괄목상대(刮目相對) ⋯ 눈을 비비고 상대편을 본다는 뜻으로, 남의 학식이나 재주가 놀랄 만큼 부쩍 늚을 이르는 말

① 주마간산(走馬看山) : 말을 타고 달리면서 산을 바라본다는 뜻으로, 바빠서 자세히 살펴보지 않고 대강 보고 지나감을 이름

② 십시일반(十匙一飯) : 밥 열 술이 한 그릇이 된다는 뜻으로, 여러 사람이 조금씩 힘을 합하면 한 사람을 돕기 쉬움을 이르는 말

③ 절치부심(切齒腐心) : 이를 갈고 마음을 썩이다는 뜻으로, 대단히 분(憤)하게 여기고 마음을 썩임

⑤ 풍전등화(風前燈火) : 바람 앞의 등불이라는 뜻으로, 사물이 매우 위태로운 처지에 놓여 있음을 비유적으로 이르는 말

---

28 ②

다음 글에서는 프레임에 대한 용어를 정의하고 구제라는 단어에서의 프레임을 예로 들어 글을 서술하고 있다.

---

29 ①

다음 글에서는 서로 다른 전통문화의 차이로 한국에서는 육질 섭취 수단으로 개가 선택되었지만 유럽국가에서 개는 수렵생활의 중요 수단이었으므로 쇠고기와 돼지고기를 즐겨 먹는다는 내용을 제시하고 있으므로 '서로 다른 전통문화의 영향으로 식생활의 차이가 발생할 수 있다'라는 문장이 글에서 주장하는 바로 가장 적절하다.

---

30 ③

제시된 문장의 경우 수시 채용의 장점에 해당하므로 공채 채용의 장·단점을 설명한 후 나오는 것이 옳으며 수시 채용의 단점보다 먼저 제시되어야 한다.

---

31 ④

공간적 분업체계의 형성으로 국가 간의 상호 작용이 촉진되면서 세계 도시 간의 계층 구조가 형성되었으며 이 때문에 지역 불균형이 초래되었다는 내용을 찾으면 된다.

32 ⑤

⑤ 소비자 시장에서 가격분산의 발생은 필연적이고 구조적인 것이라 할 수 있다.

---

33 ①

②의 경우 동일한 제품을 구입한 것으로 볼 수 없고 ③의 경우 동일 시점이 아니며 ④, ⑤의 경우 가격 차이가 없으므로 가격분산에 해당하지 않는다.

---

34 ②

② 효종의 서거와 관련해, 대비의 상복 착용 기간은 어느 정도가 타당한가라는 문제를 둘러싸고 논란이 일었다. (퇴거 → 서거)

---

35 ⑤

① <u>산출</u>은 정부가 생산하는 정책을 뜻한다.
② 샤머니즘에 의한 신정 정치는 <u>편협형</u> 정치 문화에 해당한다.
③ 독재 국가의 정치 체계는 <u>신민형</u> 정치 문화에 해당한다.
④ 참여형 정치 문화에서 국민들은 자신들의 요구사항을 <u>표출</u>할 줄 안다.

---

36 ③

표출 ⋯ 단순히 겉으로 나타냄
표현 ⋯ 생각이나 느낌 따위를 언어나 몸짓 따위의 형상으로 드러내어 나타냄
③의 경우 표출이 들어가야 맞고 ①②④⑤의 경우 표현이 들어가야 옳다.

---

37 ④

① 남에게 끼친 손해를 갚음
② 부족한 것을 보태어 채움
③ 모자라거나 부족한 것을 보충하여 완전하게 함
④ 상반되는 것이 서로 영향을 주어 효과가 없어지는 일
⑤ 주되는 것에 상대하여 거들거나 도움. 또는 그런 사람

38 ①

갈무리 … 물건 따위를 잘 정리하거나 간수하다, 일을 처리하여 마무리하다.

---

39 ①

① 가치, 능력, 역량 따위를 알아볼 수 있는 기준이 되는 기회나 사물을 비유적으로 이르는 말
② 출병할 때에 그 뜻을 적어서 임금에게 올리던 글
③ 펌프질을 할 때 물을 끌어올리기 위하여 위에서 붓는 물
④ 사물의 중심이 되는 부분을 비유적으로 이르는 말
⑤ 자신의 이익을 위하여 쓰는 교묘한 수단

---

40 ④

㉠ 수효를 세는 맨 처음 수
① 뜻, 마음, 생각 따위가 한결같거나 일치한 상태
② 여러 가지로 구분한 것들 가운데 어떤 것을 가리키는 말
③ 오직 그것뿐
⑤ 전혀, 조금도

---

41 ①

어떤 경우, 사실이나 기준 따위에 의거하다.
② 다른 사람이나 동물의 뒤에서 그가 가는 대로 같이 가다.
③ 앞선 것을 좇아 같은 수준에 이르다.
④ 남이 하는 대로 같이 하다.
⑤ 어떤 일이 다른 일과 더불어 일어나다.

---

42 ②

①③④⑤는 위 내용들을 비판하는 근거가 되지만, ②는 위 글의 주장과는 연관성이 거의 없다.

43 ②

①③④⑤는 지문에서 확인할 수 있으나 ②는 지문을 통해 알 수 없는 내용이다.

---

44 ③

③ 뒤의 문장에서 '하지만 ~ 수단 역할을 하는 데 있다.'라는 말이 나오기 때문에 앞의 문장은 동물의 수단과 관계된 말이 와야 옳다.

---

45 ②

② 과학은 두 가지 얼굴이 있는데, 어떤 '특정한' 얼굴을 하고 있지 않다고 하므로, 과학의 얼굴은 우리가 만들어 간다는 결론이 오는 것이 적절하다.

---

46 ④

④ 제시된 글 마지막 부분에 중국인들이 둔하고 더럽다고 할 수 있지만, 끈덕지고 통이 큰 사람이라는 칭찬이 될 수도 있다고 밝히고 있다. 뒤에 이어질 글에서는 이러한 예시를 통해서 주장을 펼쳐나가는 것이 적절하다.

---

47 ③

주어진 문장은 '정보화 사회의 그릇된 태도'에 대한 내용으로, 앞에서 제기한 문제에 대해서 본격적으로 해명하는 단계를 나타낸다. 따라서 앞에는 현상의 문제점을 제시하여 화제에 대한 도입이 이루어지는 내용이 나와야 하고, 다음에는 '올바른 개념이나 인식촉구'가 드러나는 내용이 이어져야 하므로 ㈐의 위치가 가장 알맞다.

48 ③

'미봉'은 빈 구석이나 잘못된 것을 그때마다 임시변통으로 이리저리 주선해서 꾸며 댐을 의미한다. 필요에 따라 그 때 그 때 정해 일을 쉽고 편리하게 치를 수 있는 수단을 의미하는 ③번이 정답이다.
① 말이나 글을 쓰지 않고 마음에서 마음으로 전한다는 말로, 곧 마음으로 이치를 깨닫게 한다는 의미이다.
② 눈을 비비고 다시 본다는 뜻으로 남의 학식이나 재주가 생각보다 부쩍 진보한 것을 이르는 말이다.
④ 주의가 두루 미쳐 자세하고 빈틈이 없음을 일컫는다.
⑤ 푸른 산에 흐르는 맑은 물이라는 뜻으로, 막힘없이 썩 잘하는 말을 비유적으로 이르는 말이다.

---

49 ③

차별을 받고 있는 흑인들은 법을 통한 분쟁 해결에 대해 부정적인 태도를 취할 가능성이 크다.

---

50 ②

ⓒ '조사, 문서 작성'을 선택한 이유에 대한 설명
ⓔ 모든 것을 문서화하고 있음에 주목
ⓓ 분명하게 전달되기 위한 정보의 필요성
ⓐ 조사하고 글을 쓰기 위한 현장교육의 필요성

---

51 ④

팔방미인(八方美人)
ⓐ 어느 모로 보나 아름다운 사람
ⓑ 여러 방면에 능통한 사람을 비유적으로 이르는 말
ⓒ 한 가지 일에 정통하지 못하고 온갖 일에 조금씩 손대는 사람을 놀림적으로 이르는 말

---

52 ②

ⓒ의 '소설만 그런 것이 아니다.'라는 문장을 통해 앞 문장에 소설에 대한 내용이 와야 함을 유추할 수 있으므로 ⓔ이 ⓒ 앞에 와야 한다. 또한 '이처럼'이라는 지시어를 통해 ⓔⓒ의 부연으로 ⓓ이 와야 함을 유추할 수 있으므로 제시된 글의 순서는 ⓔⓒⓓⓐ가 적절하다.

53 ③

ⓒ 민주주의는 결코 하루아침에 이룩될 수 없는데 이것은 ㉢ 민주주의가 비교적 잘 실현되고 있는 서구 각국의 역사를 돌아보아도 그러한다. ㉤ 민주주의는 정치, 경제, 사회의 제도 자체에서 고루 이루어져야 할 것은 물론, 우리들의 의식 속에서 이루어져야 하기 때문인데 ㉢ 그렇게 본다면 이 땅에서의 민주 제도는 너무나 짧은 역사를 가지고 있다. ㉥ 우리의 의식 또한 확고하게 위임된 책임과 의무를 깊이 깨닫고, 민중의 뜻을 남김없이 수렴하여야 하며 ㉠ 수렴된 의도를 합리적으로 처리해야 할 것이다.

---

54 ④

㉠ⓒⓒⓒ는 새로운 자연과학 이론을 받아들이는 것이고, ㉢은 새로운 이론을 받아들이기를 바라는 마음이다.

---

55 ①

제시문은 민담에서 등장인물의 성격이 어떤 방식으로 나타나는 지에 대해 언급하고 있다. ㉠은 민담에서 과거 사건이 드러나는 방법에 대한 내용으로 다른 문장과의 연관성이 떨어진다.

---

56 ③

제시문은 언어의 변화나 새 어형의 전파에 있어 라디오나 텔레비전 같은 매체와의 접촉보다는 사람들 사이의 직접적인 접촉이 결정적인 영향력을 행사한다고 주장한다. 이는 접촉의 형식도 언어 변화에 영향을 미치는 중요한 요소라는 것을 지적하는 것이다. 따라서 괄호 안에 들어갈 문장으로 가장 적절한 것은 ③ 이다.

---

57 ④

㈐ 뒤에 '분주하고 정신이 없는 장면을 보여 주고, 나중에 그 모습에 대해서 이야기하게 해 보자'라는 문장이 언급되고 바로 ㈑ 뒤에서 '어느 부분에 주목하고, 또 어떻게 그것을 해석했는지에 따라 즐겁기도 하고 무섭기도 하다.'라는 내용이 나온다. 따라서 이 두 문장을 논리적 흐름에 맞게 연결하면서 뒤의 내용을 전체적으로 포괄하기 위해 두 문자 사이에 (A)가 들어가는 것이 적절하다.

58 ③

'줄여 간 게 아니라면 그래도 잘된 게 아니냐'는 위로에 반응이 신통치 않았고, '집이 형편없이 낡았다'고 토로했다. 이에 대해 이어지는 '낡았다고 해도 설마 무너지기야 하랴'라는 말에 위로치고는 어이가 없어서 웃었을 것으로 짐작할 수 있다.

---

59 ④

㉠㉢㉣는 언어의 본질과 은유에 대해 설명하고 있다.
㉤는 ㉢의 예로 ㉢ 뒤에 오는 것이 적절하며 ㉡는 ㉤에 대한 예로 볼 수 있으므로 ㉤ 뒤에 와야 한다. 따라서 ㉠-㉣-㉢-㉤-㉡의 순서로 배열해야 한다.

---

60 ③

① (가)가 (나)보다 경제공황을 더 잘 설명하고 있다.
② (나)로부터 (가)가 도출된다.
④ (가)에서는 경제학에 대한 물리적인 접근을 하고 있으며 (나)에서는 신고전 경제학을 설명하고 있으므로 (나)가 (가)를 수학적으로 다시 설명한 것이라고 볼 수 없다.
⑤ (가)가 실제 상황을, (나)는 이론으로서 가정된 상황을 서술한 것이다.

---

61 ④

제시문은 공명과 한니발의 예를 들면서 그들이 개인적으로는 존경과 경외의 대상이었지만 개인의 힘의 한계로 인해 패배자가 될 수밖에 없었다고 언급하고 있다.

---

62 ①

㉠ 의사소통의 네 가지 기능 → ㉤ 네 영역에 대한 교수 학습의 조직화의 필요성 → ㉢ 한국어의 특수성에 맞는 연구 결과의 조정 → ㉥ 연구 성과를 현장에 반영하기 위한 교사의 방법 → ㉡ 최고의 방법 → ㉣ 결론

63 ③

① 활·총포·로켓이나 광선·음파 따위를 쏘는 일

② 어떤 일이나 사물이 생겨남

③ 재능, 능력 따위를 떨치어 나타냄

④ 미처 찾아내지 못하였거나 아직 알려지지 아니한 사물이나 현상, 사실 따위를 찾아냄

⑤ 출발하여 나아감

---

64 ①

① 정도에 지나침

② 여러 가지 모양이나 양식

③ 수(數), 양(量), 공간, 시간 따위에 제한이나 한계가 없음

④ 무엇을 하고자 하는 생각이나 계획. 또는 무엇을 하려고 꾀함

⑤ 의지가 굳세지 못함

---

65 ④

모네는 인상주의 화가로서 대상의 고유한 색은 존재하지 않는다고 생각했다. 따라서 모네가 고유한 색을 표현하려 했다는 진술은 적절하지 않다.

① 사진이 등장하면서 그 시기의 화가들은 회화의 의미에 대해 고민하게 되었다는 내용은 제시되어 있다.

② 전통적인 회화에서는 사실주의적 회화 기법을 중시했다는 내용은 제시되어 있다.

③ 모네의 그림은 대상의 윤곽이 뚜렷하지 않아 색채 효과가 형태 묘사를 압도하는 듯한 느낌을 받게 한다는 내용은 제시되어 있다.

⑤ 세잔은 사물이 본질적으로 구, 원통, 원뿔의 단순한 형태로 이루어졌다는 결론에 도달했다는 내용은 제시되어 있다.

---

66 ⑤

① 무엇에 걸리거나 막히다.

② 마음에 거리끼거나 꺼리다.

③ 오가는 도중에 어디를 지나거나 들르다.

④ 검사하거나 살펴보다.

⑤ 어떤 과정이나 단계를 겪거나 밟다.

67 ⑤

'책의 문화는 바로 읽는 일과 직결되며, 생각하는 사회를 만드는 지름길이다.'라는 문장을 통해 ⑤번이 적절하지 않음을 알 수 있다.

---

68 ②

'사공이 많으면 배가 산으로 올라간다.'는 간섭하는 사람이 많으면 일이 잘 안 된다는 뜻이며 '우물에 가서 숭늉 찾는다.'는 일의 순서도 모르고 성급하게 덤비는 것을 이르는 말이다.

① 자기의 허물은 생각하지 않고 도리어 남의 허물만 나무라는 경우를 비유적으로 이르는 말

③ 들여야 하는 비용이나 노력이 같다면 더 좋은 것을 택한다는 뜻으로 이르는 말

④ 아무리 훌륭하고 좋은 것이라도 다듬고 정리하여 쓸모 있게 만들어 놓아야 값어치가 있음을 비유적으로 이르는 말

⑤ 쉬운 일이라도 협력하여 하면 훨씬 쉽다는 말

---

69 ④

더 많이 받은 사람도, 더 적게 받은 사람도 모두 공평한 금액을 받은 사람보다 덜 행복해 했으므로 인간은 공평한 대우를 받을 때 더 행복해 한다는 것을 추론할 수 있다.

---

70 ③

다음 글에서는 토의에 대해 정의하고 토의의 종류에는 무엇이 있는지 예시를 들어 설명하고 있으므로 토론에 대해 정의하고 있는 ©은 삭제해도 된다.

---

71 ③

조국이 처한 상황에 따라 시인에게 맡겨지는 임무에 대해 사례와 함께 제시하고 있으므로 이 글의 제목으로는 '시인의 사명'이 가장 적절하다.

72 ①

사필귀정(事必歸正) : 무슨 일이든 결국 옳은 이치대로 돌아감

남가일몽(南柯一夢) : 한갓 허망한 꿈, 또 꿈과 같이 헛된 한때의 부귀와 영화

여리박빙(如履薄氷) : 살얼음을 밟는 것과 같다는 뜻으로, 아슬아슬하고 위험한 일을 비유적으로 이르는 말

삼순구식(三旬九食) : 한 달 동안 아홉 끼니를 먹을 정도로 몹시 가난하고 빈궁한 생활을 말함

상전벽해(桑田碧海) : 세상일의 변천이 심함을 비유적으로 이르는 말

---

73 ③

③의 경우 '주다'와 '받다'가 서로 반의어이다.

---

74 ②

• 그녀는 몹시 긴장되는지 수척한 얼굴을 쓰다듬으며 <u>마른침을 삼켰다</u>.

• 즉각적인 대답을 듣지 못한 철원네는 성마른 표정을 지으며 <u>마른침을 삼켰다</u>.

① 타향에서 어울리지 못하여 기를 펴지 못하다.

② 몹시 긴장하거나 초조해하다.

③ 힘이 솟고 매우 빠르게 움직이다.

④ 말이나 사리의 앞뒤 관계가 빈틈없이 딱 들어맞다.

⑤ 꾸짖음을 받아 언짢아하다.

---

75 ③

윗 글에서는 복싱의 복장에 대한 언급은 나와 있지 않다.

---

76 ③

주어진 문장은 대출이 늘어난 이유를 말하고 있고, (다) 앞에서 대출이 급증한다는 언급이 있으므로 주어진 문장이 들어가기에 가장 적절한 곳은 (다)이다.

77 ⑤

피브로박터숙시노젠은 이 포도당을 자신의 세포 내에서 대사 과정을 거쳐 에너지원으로 이용하여 생존을 유지하고 개체 수를 늘림으로써 생장한다.

---

78 ①

본래 보험가입의 목적은 금전적 이득을 취하는 데 있는 것이 아니라 장래의 경제적 손실을 보상받는 데 있다.

---

79 ①

• ㉠의 앞 문단은 왕권 강화를 위한 조치이고, ㉠의 뒷 문장은 인사권과 반역자를 다스리는 한정된 권한 만을 행사한다고 하였다. 따라서 ㉠의 앞, 뒤의 내용이 상반될 때 쓰이는 그러나가 들어가야 한다.

• ㉡의 앞 내용은 어전회의의 내용인 '상참', '윤대'에 대해 말하고 있고, ㉡의 뒤 내용은 '차대'에 대해 말하고 있다. 따라서 ㉡에는 앞 뒤 내용이 병렬적으로 구성될 수 있는 그리고가 들어가야 한다.

---

80 ④

① 유추
② 잠적
③ 등장
⑤ 도리

---

81 ②

첫 문단은 대화의 원리 중 하나인 공정성에 대해 언급하며 말미에서 '무엇보다 공정성은 학문적 행위에서 도 중요한 요소'라고 강조하고 있다. 두 번째 문단에서는 공정성과 함께 학문적 행위에서 중요한 또 다른 원리인 창조성에 대해 서술한다. 따라서 이 글의 핵심 내용으로는 ② '학술적 의사소통의 기본 요소는 공 정성과 창조성이다.'가 가장 적절하다.

82 ②

앨런 튜링이 세계 최초의 머신러닝 발명품을 고안해 낸 것은 아니다. 머신러닝을 하는 체스 기계를 생각하고 있었다고만 언급되어 있으며, 이것을 현실화한 것이 알파고이다.

① 앨런 튜링의 인공지능에 대한 생각 자체는 컴퓨터 등장 이전에 '튜링 머신'이라는 가상의 컴퓨터 제시를 통해 이루어졌다.

③ 알파고는 컴퓨터들과 달리 입력된 알고리즘을 기반으로 스스로 학습하는 지능을 지녔다.

④ 알파고 이전에는 바둑이나 체스를 두는 컴퓨터가 존재했었다.

---

83 ④

마지막 문단에서 언급하고 있는 바와 같이 신혼부부 가구의 추가적인 자녀계획 포기는 경제적 지원 부족보다는 자녀양육 환경문제에 가장 크게 기인한다. 따라서 여성에게 경제적 지원을 늘린다고 인구감소를 막을 수 있는 것은 아니다.

---

84 ①

① 마지막 문단을 통해 이탈리아 남부로 퍼져 나간 그리스인들이 폴리스를 만들었음을 알 수 있다.

② 어느 폴리스도 도시 국가 이상으로 커 나가지 않았다.

③ 폴리스는 작은 자치 공화국의 형태로 정치적 통일을 이루지 못했다.

④ 폴리스들은 공통의 언어, 문화, 종교를 바탕으로 서로 동류의식을 가졌다.

⑤ 여자들은 정치적 권리가 없었다.

---

85 ④

④ 세 번째 문단을 보면 동아시아 지역에서는 손 대신에 숟가락을 쓰기 시작했고, 이어서 젓가락을 만들어 숟가락과 함께 썼다고 언급하고 있다. 즉, 젓가락보다 숟가락을 먼저 사용하기 시작하였다.

01	02	03	04	05	06	07	08	09	10	11	12	13	14	15	16	17	18	19	20
③	③	②	③	①	②	②	②	②	③	④	②	②	③	④	③	④	④	②	①
21	22	23	24	25	26	27	28	29	30	31	32	33	34	35	36	37	38	39	40
①	②	①	④	③	④	②	③	④	④	④	③	③	②	④	②	④	②	②	①
41	42	43	44	45	46	47	48	49	50	51	52	53	54	55	56	57	58	59	60
④	①	②	④	④	②	④	②	④	①	③	①	②	③	④	③	②	①	③	③
61	62	63	64	65	66	67	68	69	70										
②	②	①	④	②	①	③	②	②	④										

01 ③

수조 B에서 분당 감소되는 물의 높이를 x라 하면,
$40 - (25 \times 0.6) = 30 - (25 \times x)$
$\therefore x = 0.2cm$

02 ③

처음 9개의 공 중에 흰 공을 뽑을 확률 $= \dfrac{5}{9}$

두 번째 검은 공을 뽑을 확률 $= \dfrac{4}{8}$

$\therefore \dfrac{5}{9} \times \dfrac{4}{8} = \dfrac{5}{18}$

03 ②

7% 소금물의 필요한 양을 x라 하면 녹아있는 소금의 양은 $0.07x$
12% 소금물의 소금의 양은 $0.12(150-x)$
150g에 들어있는 소금의 양은 같아야 하므로
$0.07x + 0.12(150-x) = 0.11 \times 150$
$7x + 1800 - 12x = 1650$
$5x = 150, \ x = 30g$
$\therefore$ 7% 소금물 30g, 12% 소금물 120g

04 ③

철수가 뛰어간 거리를 x라고 하면 $(시간) = \dfrac{(거리)}{(속도)}$ 이므로

$$\frac{12-x}{3} + \frac{x}{4} = 3.5$$

$$4(12-x) + 3x = 42$$

$$\therefore x = 6\,(\text{km})$$

---

05 ①

십의 자리 수를 x라 하면

$$2(10x+8) + 26 = 80 + x$$

$$19x = 38$$

$$x = 2$$

따라서 구하는 자연수는 28이다.

---

06 ②

아버지의 나이를 x라 하고 아들의 나이를 y라 하면

$$x + y = 66 \cdots \text{㉠}$$

$$x + 12 = 2(y+12) \cdots \text{㉡}$$

㉡을 풀면 $x - 2y = 12$

㉠에서 ㉡을 빼면 $3y = 54 \Rightarrow y = 18$

따라서 아들의 나이는 18세이다.

---

07 ②

작년 연봉을 x라 하면

$$(1+0.2)x + 500 = (1+0.6)x \Rightarrow x = 1,250$$

따라서 올해 연봉은 $1,250 \times 1.2 = 1,500\,(\text{만 원})$

08 ②

공의 개수는 모두 $5! = 120$(개)이고

홀수는 1의 자리의 수가 홀수이므로 그 개수는 $4! + 4! = 48$(개)이므로

확률은 $\dfrac{48}{120} = \dfrac{2}{5}$

---

09 ②

30쪽씩 읽는 일수를 x라 하면

2일은 60쪽씩 읽고 나머지는 30쪽씩 읽으므로

$2 \times 60 + 30x = 300$

$30x = 180 \Rightarrow x = 6$

따라서 첫날과 이튿날을 합하여 총 8일 동안 책을 읽게 된다.

---

10 ③

농구공과 축구공을 모두 가지고 있는 학생은 $8 + 9 - 15 = 2$(명)이다.

따라서 농구공은 가지고 있고 축구공은 가지고 있지 않은 학생은 $8 - 2 = 6$(명)이다.

---

11 ④

전체 일의 양을 1, A가 일한 날을 a, B가 일한 날을 b라 하면

$\begin{cases} a + b = 10 \\ \dfrac{a}{8} + \dfrac{b}{12} = 1 \end{cases} \Rightarrow a = 4, \; b = 6$

따라서 B가 일한 날은 6일이다.

---

12 ②

어른과 어린이의 비율이 각각 $\dfrac{2}{3}$, $\dfrac{1}{3}$이므로 어린이의 수는 $150 \times \dfrac{1}{3} = 50$(명)이다.

남자어린이와 여자어린이의 비율이 각각 $\dfrac{2}{5}$, $\dfrac{3}{5}$이므로 남자어린이의 수는 $50 \times \dfrac{2}{5} = 20$(명)이다.

13 ②

첫 번째 수를 두 번째 수로 나누었을 때 소수점 아래 첫 번째 수가 세 번째 수가 되는 규칙을 가지고 있다. 5÷9＝0.55555 이므로 빈칸에 들어갈 수는 5이다.

---

14 ③

알파벳을 순서대로 나열했을 때 처음 제시된 C부터 3의 배수로 증가하는 규칙을 가지고 있다. 빈칸에는 U이후부터 12번째 순서인 G이다.

---

15 ④

주어진 수열의 홀수 번째 수와 짝수 번째 수를 나누어 보면 홀수 번째 수는 ×4가 반복 수행되고 있으며 짝수 번째 수는 11의 배수가 더해지고 있다. 빈칸은 홀수 번째 수로 64×4＝256이다.

---

16 ③

```
3    4    8    9    18   19   38
 \/   \/   \/   \/   \/   \/
 +1   ×2   +1   ×2   +1   ×2
```

---

17 ④

세 번째 항부터 이전의 두 항을 더한 값으로 이루어지게 되는 전형적인 피보나치수열이다.
따라서 55−21＝34

---

18 ④

홀수 번째 숫자는 −1의 규칙으로 감소하고, 짝수 번째 숫자는 +4의 규칙으로 증가한다.

---

19 ②

처음의 숫자에서 1, 3, 5, 7, 9, …의 순서로 증가하고 있다.

20 ①

처음의 숫자에서 8, 7, 6, 5, 4의 순서로 줄어들고 있다.

---

21 ①

처음의 수에서 −1, −2, −3, …의 규칙이 있다.
따라서 빈칸에 알맞은 수는 85−6=79이다.

---

22 ②

처음의 숫자에서 3씩 줄어들고 있다.

---

23 ①

$$\underset{\times 6 \ \div 2 \ \times 6 \ \div 2 \ \times 6 \ \div 2}{1 \quad 6 \quad 3 \quad 18 \quad 9 \quad 54 \quad (\ \ )}$$

빈칸에 알맞은 수는 27이다.

---

24 ④

처음의 숫자에서 3이 더해진 후 6이 줄어드는 것을 반복하고 있다.

---

25 ③

처음의 숫자에서 8, 6, 4, 2, 0의 순서로 줄어들고 있다.

26 ④

2000년까지는 초등학교 졸업자인 범죄자의 비중이 가장 컸으나 이후부터는 고등학교 졸업자인 범죄자의 비중이 가장 크게 나타나고 있음을 알 수 있다.

① 2005년 이후부터는 중학교 졸업자와 고등학교 졸업자인 범죄자 비중이 매 시기 50%를 넘고 있다.

② 해당 시기의 전체 범죄자의 수가 증가하여, 초등학교 졸업자인 범죄자의 비중은 낮아졌으나 그 수는 지속 증가하였다.

③ 해당 시기의 전체 범죄자의 수가 증가하여, 비중은 약 3배가 조금 못 되게 증가하였으나 그 수는 55,711명에서 251,765명으로 약 4.5배 이상 증가하였다.

---

27 ②

① 2018년 : $1,101,596 \div 8,486 =$ 약 129명

② 2019년 : $1,168,460 \div 8,642 =$ 약 135명

③ 2020년 : $964,830 \div 8,148 =$ 약 118명

④ 2021년 : $1,078,490 \div 8,756 =$ 약 123명

---

28 ③

KAL 항공사의 2021년 항공기 1대당 운항 거리는 $8,905,408 \div 11,104 = 802$로, 2022년 한 해 동안 9,451,570km의 거리를 운항하기 위해서는 $9,451,570 \div 802 = 11,785$대의 항공기가 필요하다. 따라서 KAL 항공사는 $11,785 - 11,104 = 681$대의 항공기를 증편해야 한다.

---

29 ④

㉠ 영상 분야의 예산은 40.85(억 원), 비율은 19(%)이므로, 40.85 : 19 ＝ (가) : (다)

- (다)＝100－(19＋24＋31＋11)＝15%
- 40.85×15＝19×(가)

∴ 출판 분야의 예산 (가) ＝ 32.25(억 원)

㉡ 위와 동일하게 광고 분야의 예산을 구하면, 40.85 : 19 ＝ (나) : 31

- 40.85×31＝19×(나)

∴ 광고 분야의 예산 (나)＝66.65(억 원)

㉢ 예산의 총합 (라)는 32.25＋40.85＋51.6＋66.65＋23.65＝215(억 원)

30 ④

① 제시된 자료만으로는 남성과 여성의 경제 활동 참여 의지의 많고 적음을 비교할 수는 없다.

② 59세 이후 남성의 경제 활동 참가율 감소폭이 여성의 경제 활동 참가율 감소폭보다 크다.

③ 각 연령대별 남성과 여성의 노동 가능 인구를 알 수 없기 때문에 비율만 가지고 여성의 경제 활동 인구의 증가가 남성의 경제 활동 인구의 증가보다 많다고 하는 것은 옳지 않다.

---

31 ④

증감률 구하는 공식은 $\dfrac{\text{올해 매출} - \text{전년도 매출}}{\text{전년도 매출}} \times 100$ 이다.

따라서 $\dfrac{472 - 284}{284} \times 100 ≒ 66.2\%$

---

32 ③

2020년 동남아 국가 수출 상담실적은 136(싱가포르) + 3,630(태국) = 3,766이고,

유럽 국가 수출 상담실적은 650(독일) + 8(영국) = 658이므로

$\dfrac{3,766}{658} ≒ 5.7$배이다.

---

33 ③

③ 라 지역의 태양광 설비투자액이 210억 원으로 줄어들 경우 대체에너지 설비투자액의 합인 B가 510억 원이 된다. 이때의 대체에너지 설비투자 비율은 $\dfrac{510}{11,000} \times 100 ≒ 4.63\%$이므로 5% 이상이라는 설명은 옳지 않다.

---

34 ②

가 지역의 지열 설비투자액이 250으로 줄어들 경우 대체에너지 설비투자액의 합인 B가 417억 원이 된다. 이때의 대체에너지 설비투자 비율은 $\dfrac{417}{8,409} \times 100 ≒ 4.96\%$이므로 원래의 대체에너지 설비투비 비율인 5.98%에 비해 약 17% 감소한 것으로 볼 수 있다.

---

35 ④

①②는 표에서 알 수 없다.

③ 시간에 따른 B형 바이러스 항체 보유율이 가장 낮다.

---

36 ②

소득 수준의 4분의 1이 넘는다는 것은 다시 말하면 25%를 넘는다는 것을 의미한다. 하지만 소득이 150~199일 때와 200~299일 때는 만성 질병의 수가 3개 이상일 때가 각각 20.4%와 19.5%로 25%에 미치지 못한다. 그러므로 ②는 적절하지 않다.

---

37 ④

㉠ A 쇼핑몰 : $129,000 - 7,000 + 2,000 = 124,000$ (원)

㉡ B 쇼핑몰 : $131,000 \times 0.97 - 3,500 = 123,570$ (원)

㉢ C 쇼핑몰 : $130,000 \times 0.93 + 2,500 = 123,400$ (원)

$\therefore C < B < A$

---

38 ②

$124,000 - 123,400 = 600$ (원)

---

39 ②

가중평균은 가중치에 영역별 자료값을 곱한 뒤 합하여 구한다.

㉠ A : $0.6 \times 70 + 0.4 \times 80 = 74$

㉡ B : $0.6 \times 90 + 0.4 \times 55 = 76$

㉢ C : $0.6 \times 60 + 0.4 \times 90 = 72$

㉣ D : $0.6 \times 75 + 0.4 \times 75 = 75$

---

40 ①

일본(22.6%), 독일(20.5%), 그리스(18.3%), 영국(16.6%)

41 ④

독일과 일본은 0~14세 인구 비율이 낮은데 그 중에서 가장 낮은 나라는 일본으로 0~14세 인구가 전체 인구의 13.2%이다.

---

42 ①

$$\frac{x}{8,900,000} \times 100 = 67.7$$
$$x = 6,025,300(\text{명})$$

---

43 ②

㉠에서 수학 점수는 갑 > 을, 학생 3 > 학생 1 > 학생 2로 쓸 수 있다. ㉢에서 병은 학생 3이 아님을 알 수 있으므로 두 가지 경우의 수가 발생한다. 각 경우의 수에 대하여 ㉡을 적용해보면,

• 학생 1 – 병, 학생 2 – 을, 학생 3 – 갑인 경우 : $\frac{75+85}{2}=80=\frac{85+75}{2}$

• 학생 1 – 을, 학생 2 – 병, 학생 3 – 갑인 경우 : $\frac{85+75}{2}=80>\frac{85+70}{2}=77.5$

∴ 학생 1 : 을, 학생 2 : 병, 학생 3 : 갑에 해당한다.

---

44 ④

㉠ 150점 미만인 인원 : 10명(85 + 55) + 4명(75 + 55) + 4명(65 + 65) + 14명(75 + 65) = 32명
㉡ 150점 초과인 인원 : 2명(95 + 65) + 4명(95 + 75) + 20명(85 + 75) + 6명(85 + 85) = 32명
㉢ 150점인 인원 : 24명(65 + 85) + 12명(75 + 75) = 36명

---

45 ④

① 선호도가 높은 2개의 산은 설악산과 지리산으로 38.9+17.9=56.8(%)로 50% 이상이다.
② 설악산을 좋아한다고 답한 사람은 38.9%, 지리산, 북한산, 관악산을 좋아한다고 답한 사람의 합은 30.7%로 설악산을 좋아한다고 답한 사람이 더 많다.
③ 주 1회, 월 1회, 분기 1회, 연 1~2회 등산을 하는 사람의 비율은 82.6%로 80% 이상이다.
④ 우리 국민들 중 가장 많은 사람들이 연 1~2회 정도 등산을 한다.

46 ②

총 여성 입장객수는 3,030명

21~25세 여성 입장객이 차지하는 비율은 $\dfrac{700}{3,030} \times 100 ≒ 23.1(\%)$

---

47 ④

총 여성 입장객수 3,030명

26~30세 여성 입장객수 850명이 차지하는 비율은

$\dfrac{850}{3,030} \times 100 ≒ 28(\%)$

---

48 ②

중량이나 크기 중에 하나만 기준을 초과하여도 초과한 기준에 해당하는 요금을 적용한다고 하였으므로, 보람이에게 보내는 택배는 10kg지만 130cm로 크기 기준을 초과하였으므로 요금은 8,000원이 된다. 또한 설희에게 보내는 택배는 60cm이지만 4kg으로 중량기준을 초과하였으므로 요금은 6,000원이 된다.

$\therefore 8,000 + 6,000 = 14,000(원)$

---

49 ④

제주도까지 빠른 택배를 이용해서 20kg 미만이고 140cm 미만인 택배를 보내는 것이므로 가격은 9,000원이다. 그런데 안심소포를 이용한다고 했으므로 기본요금에 50%가 추가된다.

$\therefore 9,000 + \left(9,000 \times \dfrac{1}{2}\right) = 13,500(원)$

---

50 ①

㉠ 타지역으로 보내는 물건은 140cm를 초과하였으므로 9,000원이고, 안심소포를 이용하므로 기본요금에 50%가 추가된다.

$\therefore 9,000 + 4,500 = 13,500(원)$

㉡ 제주지역으로 보내는 물건은 5kg와 80cm를 초과하였으므로 요금은 7,000원이다.

51 ③

A : $0.1 \times 0.2 = 0.02 = 2(\%)$

B : $0.3 \times 0.3 = 0.09 = 9(\%)$

C : $0.4 \times 0.5 = 0.2 = 20(\%)$

D : $0.2 \times 0.4 = 0.08 = 8(\%)$

$\therefore$ A+B+C+D $= 39(\%)$

---

52 ①

2019년 A지점의 회원 수는 대학생 10명, 회사원 20명, 자영업자 40명, 주부 30명이다. 따라서 2014년의 회원 수는 대학생 10명, 회사원 40명, 자영업자 20명, 주부 60명이 된다. 이 중 대학생의 비율은 $\frac{10명}{130명} \times 100(\%) = 7.69(\%)$가 된다.

---

53 ②

B지점의 대학생이 차지하는 비율 : $0.3 \times 0.2 = 0.06 = 6(\%)$

C지점의 대학생이 차지하는 비율 : $0.4 \times 0.1 = 0.04 = 4(\%)$

B지점 대학생수가 300명이므로 $6 : 4 = 300 : x$

$\therefore x = 200(명)$

---

54 ③

③ 2019년 E 메뉴 판매비율 6.5%p, 2022년 E 메뉴 판매비율 7.5%p이므로 1%p 증가하였다.

---

55 ④

2022년 A메뉴 판매비율은 36.0%이므로

판매개수는 $1,500 \times 0.36 = 540(개)$

56 ③

㉠ 10대, 20대의 경우 해당하지 않는다.

㉣ 그래프의 결과만으로는 10대가 양이 많은 음식점을 선호하는지 알 수 없다.

---

57 ②

② D 도시는 2018년, 2019년 A 도시보다 분실물이 더 적게 발견되었다.

---

58 ①

① 2022년 D 도시 분실물 개수 : 61개

2022년 D 도시 분실물 중 핸드폰 비율 : 57% $61 \times 0.57 = 34.77$(개)

② 2022년 B 도시 분실물 개수 : 24개

2022년 B 도시 분실물 중 핸드폰 비율 : 83% $24 \times 0.83 = 19.92$(개)

③ 2021년 D 도시 분실물 개수 : 54개

2021년 D 도시 분실물 중 핸드폰 비율 : 61% $54 \times 0.61 = 32.94$(개)

④ 2021년 C 도시 분실물 개수 : 39개

2021년 C 도시 분실물 중 핸드폰 비율 : 58% $39 \times 0.58 = 22.62$(개)

---

59 ③

㉠ $\dfrac{한별의\ 성적 - 학급평균\ 성적}{표준편차}$ 이 클수록 다른 학생에 비해 한별의 성적이 좋다고 할 수 있다.

국어 : $\dfrac{79-70}{15} = 0.6$, 영어 : $\dfrac{74-56}{18} = 1$, 수학 : $\dfrac{78-64}{16} = 0.75$

㉡ 표준편차가 작을수록 학급 내 학생들 간의 성적이 고르다.

60 ③

① 국어 A반 평균 : $\dfrac{(20\times6.0)+(15\times6.5)}{20+15}=\dfrac{120+97.5}{35}≒6.2$

    B반 평균 : $\dfrac{(15\times6.0)+(20\times6.0)}{15+20}=\dfrac{90+120}{35}=6$

② 영어 A반 평균 : $\dfrac{(20\times5.0)+(15\times5.5)}{20+15}=\dfrac{100+82.5}{35}≒5.2$

    B반 평균 : $\dfrac{(15\times6.5)+(20\times5.0)}{15+20}=\dfrac{97.5+100}{35}≒5.6$

③④ A반 남학생 : $\dfrac{6.0+5.0}{2}=5.5$

    B반 남학생 : $\dfrac{6.0+6.5}{2}=6.25$

    A반 여학생 : $\dfrac{6.5+5.5}{2}=6$

    B반 여학생 : $\dfrac{6.0+5.0}{2}=5.5$

---

61 ②

① 연도별 자동차 수 $=\dfrac{\text{사망자 수}}{\text{차 1만대당 사망자 수}}\times10,000$

② 운전자수가 제시되어 있지 않아서 운전자 1만 명당 사고 발생건수는 알 수 없다.

③ 자동차 1만 대당 사고율 $=\dfrac{\text{발생건수}}{\text{자동차 수}}\times10,000$

④ 자동차 1만 대당 부상자 수 $=\dfrac{\text{부상자 수}}{\text{자동차 수}}\times10,000$

---

62 ②

① 제시된 자료로는 60대 인구가 스트레스 해소로 목욕 · 사우나를 하는지 알 수 없다.

③ 60대 인구가 여가활동을 건강을 위해 보내는 비중이 2021년에 증가하였고 2022년은 전년과 동일한 비중을 차지하였다.

④ 여가활동을 목욕 · 사우나로 보내는 비율이 60대 인구의 여가활동 가운데 가장 높다.

63 ①

$$\frac{x}{25만} \times 100 = 52\%$$

$x = 13만$ 명

---

64 ④

㉠ 총 투입시간 = 투입인원 ×개인별 투입시간

㉡ 개인별 투입시간 = 개인별 업무시간 + 회의 소요시간

㉢ 회의 소요시간 = 횟수(회)×소요시간(시간/회)

∴ 총 투입시간 = 투입인원 ×(개인별 업무시간 + 횟수× 소요시간)

각각 대입해서 총 투입시간을 구하면,

A = 2×(41+3×1)=88

B = 3×(30+2×2)=102

C = 4×(22+1×4)=104

D = 3×(27+2×1)=87

업무효율 = $\dfrac{표준\ 업무시간}{총\ 투입시간}$ 이므로, 총 투입시간이 적을수록 업무효율이 높다.

D의 총 투입시간이 87로 가장 적으므로 업무효율이 가장 높은 부서는 D이다.

---

65 ②

200,078 − 195,543 = 4,535(백만 원)

---

66 ①

103,567÷12,727 = 8.13(배)

---

67 ③

124,597명으로 중국 국적의 외국인이 가장 많다.

68 ②

① 2019년에 감소를 보였다.

② 3자리 유효숫자로 계산해보면, 175의 60%는 105이므로 중국국적 외국인이 차지하는 비중은 60% 이상이다.

③ 2015~2020년 사이에 서울시 거주 외국인 수가 매년 증가한 나라는 중국이다.

④ $\dfrac{6,332+1,809}{57,189} \fallingdotseq 0.14\% > \dfrac{8,974+11,890}{175,036} \fallingdotseq 0.12\%$

---

69 ②

② 핵가족화에 따라 평균 가구원 수는 감소하고 있다.

---

70 ④

① 청년층 중 사형제에 반대하는 사람 수(50명) > 장년층에서 반대하는 사람 수(25명)

② B당을 지지하는 청년층에서 사형제에 반대하는 비율 : $\dfrac{40}{40+60}=40(\%)$

 B당을 지지하는 장년층에서 사형제에 반대하는 비율 : $\dfrac{15}{15+15}=50(\%)$

③ A당은 찬성 150, 반대 20, B당은 찬성 75, 반대 55의 비율이므로 A당의 찬성 비율이 높다.

④ 청년층에서 A당 지지자의 찬성 비율 : $\dfrac{90}{90+10}=90(\%)$

 청년층에서 B당 지지자의 찬성 비율 : $\dfrac{60}{60+40}=60(\%)$

 장년층에서 A당 지지자의 찬성 비율 : $\dfrac{60}{60+10} \fallingdotseq 86(\%)$

 장년층에서 B당 지지자의 찬성 비율 : $\dfrac{15}{15+15}=50(\%)$

따라서 사형제 찬성 비율의 지지 정당별 차이는 청년층보다 장년층에서 더 크다.

공간능력

01	02	03	04	05	06	07	08	09	10	11	12	13	14	15	16	17	18	19	20
③	②	③	①	①	②	③	③	④	③	②	④	③	①	③	②	②	④	①	②
21	**22**	**23**	**24**	**25**	**26**	**27**	**28**	**29**	**30**	**31**	**32**	**33**	**34**	**35**	**36**	**37**	**38**	**39**	**40**
③	④	③	③	②	③	②	③	②	②	④	②	①	②	④	②	③	③	④	③
41	**42**	**43**	**44**	**45**	**46**	**47**	**48**	**49**	**50**	**51**	**52**	**53**	**54**	**55**	**56**	**57**	**58**	**59**	**60**
②	②	④	②	④	③	①	③	③	④	①	③	①	④	②	④	④	②	④	③
61	**62**	**63**	**64**	**65**															
②	③	②	④	③															

01 ③

02 ②

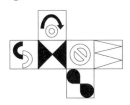

03 ③

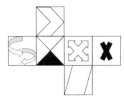

04 ①

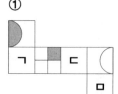

05 ①

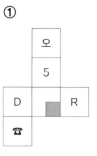

06 ②

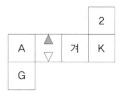

07 ③

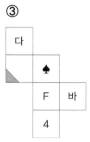

08 ③

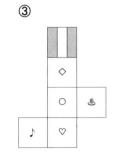

09 ④

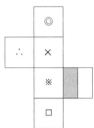

10 ③

11 ②

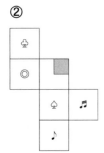

12 ④

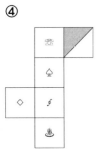

13 ③

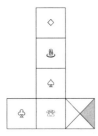

14 ①

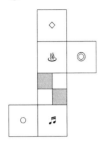

15 ③

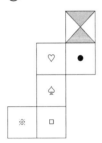

16 ②

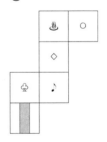

17 ②

① 　③ 　④

18 ④

① ② ③

19 ①

② ③ ④

20 ②

① ③ ④

21 ③

① ② ④

22 ④

① ② ③

23 ③

 ① ② ④

24 ③

 ① ② ④

25 ②

 ① ③ ④

26 ③

 ① ② ④

27 ②

 ① ③ ④

28 ③

①   ②   ④

29 ②

①   ③   ④

30 ②

①   ③   ④

31 ④

①   ②   ③

32 ②

1단 : 10개, 2단 : 6개, 3단 : 2개, 4단 : 1개

33 ①

1단 : 12개, 2단 : 8개, 3단 : 4개, 4단 : 1개, 5단 : 1개

34 ②

1단 : 13개, 2단 : 4개, 3단 : 2개, 4단 : 2개

---

35 ④

1단 : 16개, 2단 : 6개, 3단 : 3개, 4단 : 1개

---

36 ②

1단 : 14개, 2단 : 5개, 3단 : 3개, 4단 : 2개, 5단 : 1개

---

37 ③

1단 : 15개, 2단 : 10개, 3단 : 4개, 4단 : 2개, 5단 : 1개

---

38 ③

1단 : 15개, 2단 : 9개, 3단 : 3개, 4단 : 2개, 5단 : 2개

---

39 ④

1단 : 13개, 2단 : 7개, 3단 : 5개, 4단 : 3개, 5단 : 2개, 6단 : 1개

---

40 ③

1단 : 14개, 2단 : 4개, 3단 : 2개

---

41 ②

1단 : 16개, 2단 : 3개, 3단 : 3개, 4단 : 3개, 5단 : 2개

42 ②

1단 : 11개, 2단 : 7개, 3단 : 4개, 4단 : 2개, 5단 : 1

---

43 ④

1단 : 13개, 2단 : 9개, 3단 : 6개, 4단 : 4개, 5단 : 1개

---

44 ②

1단 : 13개, 2단 : 4개, 3단 : 2개, 4단 : 1개, 5단 : 1개

---

45 ④

1단 : 13개, 2단 : 5개, 3단 : 1개, 4단 : 1개

---

46 ③

1단 : 13개, 2단 : 5개, 3단 : 3개, 4단 : 3개, 5단 : 2개, 6단 : 2개

---

47 ①

1단 : 13개, 2단 : 3개, 3단 : 2개, 4단 : 1개, 5단 : 1개

---

48 ③

1단 : 12개, 2단 : 8개, 3단 : 3개

---

49 ③

1단 : 12개, 2단 : 5개, 3단 : 1개

50　④

1단 : 8개,　2단 : 5개,　3단 : 5개,　4단 : 3개,　5단 : 3개,　6단 : 1개

51　①

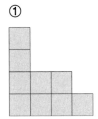

52　③

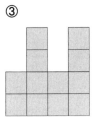

53　①

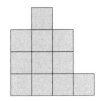

54　④

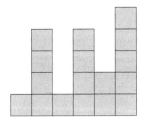

55 ②

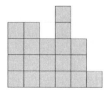

56 ④

57 ④

58 ②

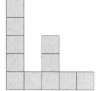

59 ④

60 ③

61 ②

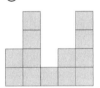

62 ③

63 ②

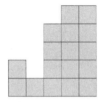

64 ④

65 ③

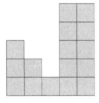

지각속도

01	02	03	04	05	06	07	08	09	10	11	12	13	14	15	16	17	18	19	20
②	①	①	①	④	④	②	②	③	③	②	①	①	②	②	②	②	②	①	②
21	22	23	24	25	26	27	28	29	30	31	32	33	34	35	36	37	38	39	40
①	②	②	①	②	④	②	③	①	③	①	①	②	②	①	②	②	④	③	②
41	42	43	44	45	46	47	48	49	50	51	52	53	54	55	56	57	58	59	60
④	③	③	①	②	③	③	③	④	①	①	②	①	①	①	①	②	②	②	②
61	62	63	64	65	66	67	68	69	70	71	72	73	74	75	76	77	78	79	80
②	②	②	②	②	①	③	①	④	②	④	①	②	②	①	③	④	②	③	①
81	82	83	84	85	86	87	88	89	90	91	92	93	94	95	96	97	98	99	100
②	①	①	③	①	②	①	②	②	①	②	②	③	④	③	③	③	①	③	③

01 ②

이 경 상 교 대 학 − <u>1 9 2 8 3 5</u>

02 ①

대 명 공 이 생 상 − <u>3 4 6 1 7 2</u>

03 ①

상 생 경 명 교 공 보 − <u>2 7 9 4 8 6 0</u>

04 ①

② 9788962<u>2</u>000301 − 9788960<u>0</u>200301
③ 9788962<u>2</u>000245 − 9788960<u>0</u>200245
④ 9788962<u>2</u>000252 − 9788960<u>0</u>200252

05 ④

① EHIHIHIEHIHIEHI – EHIHIEIEHIHIEHI

② YAHOYAHOYAHO – YAHOAYHOYAHO

③ BINGGLEBINGGLE – BINGLGEBINGGLE

06 ④

하와이 호놀룰루 대한민국총영사관

07 ②

579135491354219543548415763554

08 ②

He wants to join the police force

09 ③

ITS RESTAURANT IS RUN BY A TOP CHEF

10 ③

(파)(하)(나)(라)(파)(하)(차)(사)(나)(가)(타)(파)(사)(바)(차)(자)(바)(라)(나)(마)

11 ②

행 보 병 참 급 – ◑ ♥ ◎ △ ♧

12 ①

군 = ○, 통 = ▽, 정 = ◈, 군 = ○, 부 = ★

13 ①

병 = ◎, 정 = ◈, 행 = ◑, 신 = ▶, 보 = ♥

---

14 ②

오 팀 플 랜 던 − 2 h <u>T</u> F 4

---

15 ②

템 룻 전 토 덤 − 1 3 <u>3</u> k 0 j

---

16 ②

전 오 랜 덤 팀 − k 2 F j <u>h</u>

---

17 ②

3.5 4 5.5 0.5 1 − y T <u>n</u> H Y

---

18 ②

2 1 5.5 1.5 4.5 − a <u>Y n A</u> w

---

19 ①

3 = S, 1.5 = A, 4 = T, 5.5 = n, 0.5 = H

---

20 ②

N g T i K − 냬 쓰 떄 <u>쯔</u> 니

21 ①

K = 니, R = 렁, e = 뻐, a = 끼, N = 내

---

22 ②

i N a T N − 짜 내 <u>끼</u> 때 내

---

23 ②

ㅍ ㅚ ㄴ ㅇ ㅕ − k m <u>H</u> <u>s</u> ✖

---

24 ①

ㅜ = †, ㅟ = ✚, ㅋ = t, ㅟ = ✚, ㅕ = ✖

---

25 ②

ㅋ ㅛ ㄴ ㅛ ㅗ − t e H <u>e</u> <u>X</u>

---

26 ④

AWGZXT<u>S</u>D<u>S</u>V<u>S</u>RD<u>S</u>QDTWQ

---

27 ②

제<u>시</u>된 문제를 잘 읽고 예제와 같은 방식으로 정확하게 답하<u>시</u>오.

---

28 ③

1001058<u>7</u>62546<u>0</u>026873217

---

29 ①

秋花春風南美北西冬木日<u>火</u>水金

30 ③

<u>w</u>hen I am do<u>w</u>n and oh my soul so <u>w</u>eary

31 ①

☺◆↗⊙♡☆▽◁♧◑†♬♪▣<u>♣</u>

32 ①

ㅸ ㅺㅫㅪㅩㅨㅦ<u>ㅾ</u>ㅻ ㅷ ㅳ ㅰ ㅱ

33 ②

iii iv Ⅰ vi Ⅳ<u>Ⅻ</u> i vii x viii Ⅴ ⅦⅧⅨ Ⅹ Ⅺ ix xi ii v <u>Ⅻ</u>

34 ②

ƔШβ Ψ<u>Ξ</u>ϞϮϬƂϑπ τ φ λ μ ξ ήΟ<u>Ξ</u>ΜŸ

35 ①

오른쪽에 α가 없다.

36 ②

ㅙㅞㅓㅠㅟㅝㅞㆍㅣㅡㅏㅙㅛㅜ<u>ᆔ</u>ㅟㅛㅑ

37 ②

ƐⱰℊℱ£ₘₙℕₚₜₛℝₛ₩ℿₐⅆ①ₖℱⅅρₛℙ

---

38 ④

머루나비먹이무리만두먼지미리메리나루무림

---

39 ③

GcAshH748vdafo25W641981

---

40 ②

갋겅겱게겞렒겔겕겇겍겛겚겓겍겲겪

---

41 ④

軍事法院은 戒嚴法에 따른 裁判權을 가진다.

---

42 ③

ゆよるらろくぎつであぱるれわゐを

---

43 ③

④❾②⑧⑥⑤①⑦❶❾⑤⑧④③❼②

---

44 ①

≦≠≍≂≏≁≠⊐≒≍≑≡≐≒≦

45　②

∪∬∈♯㞫∑∀∩∯⋆⊤⋇㞫∈△

46　③

국기 1개, 구정 1개, 구분 0개, 군화 1개

47　③

군대 1개, 군수 0개, 극기 1개, 구조 1개

48　③

1024<u>875</u>184356 − 1024<u>781</u>584356

49　④

금융기관유동성에 국공<u>채</u>, 회사채 포함 − 금융기관유동성에 국공<u>체</u>, 회사채 포함

50　①

c = 加, R = 無, 11 = 德, 6 = 武, 3 = 下

51　①

1 = 韓, 21 = 老, 5 = 有, 3 = 下, Z = 體

52　②

6 R 21 c 8 − 武 無 <u>老</u> <u>加</u> 上

53 ①

A = 예, P = 돕, W = 특, G = 표, J = 활

---

54 ①

D = 액, S = 도, D = 악, O = 글, Q = 유

---

55 ①

F = 해, G = 표, J = 활, A = 예, S = 도

---

56 ①

$2 = x^2$, $0 = z^2$, $9 = l^2$, $5 = k$, $4 = z$

---

57 ②

$3\ 7\ 4\ 6\ 1 - \underline{k^2}\ l\ z\ x\ y^2$

---

58 ②

$8\ 1\ 5\ 2\ 0 - y\ y^2\ k\ \underline{x^2}\ z^2$

---

59 ②

강 서 이 김 진 − Ⅷ Ⅱ Ⅹ̲ Ⅰ Ⅸ

---

60 ②

박 윤 도 신 표 − Ⅵ Ⅲ Ⅻ Ⅳ Ⅴ̲

61 ②

신 이 서 강 윤 - Ⅳ Ⅹ Ⅱ Ⅷ Ⅲ

62 ②

a 2 j p 1 - 울 둘 줄 률 톨

63 ②

5 3 k q 7 - 술 물 굴 쿨 불

64 ②

1 j k p 3 - 툴 줄 굴 룰 물

65 ②

%#@&!&@*%#^!@$^~+-₩

66 ①

오른쪽에 $\frac{3}{2}$이 없다.

67 ③

♩♪♯♪♪♫♫♬♪ ♩♪♫♩♪♪♫♫

68 ①

the뭉크韓中日rock셔틀bus피카소%3986as5$₩

69 ④

dbrrn<u>s</u>gorn<u>s</u>rhdrn<u>s</u>qntkrhk<u>s</u>

---

70 ②

x^3 $\underline{x^2}$ z^7 x^3 z^6 z^5 x^4 $\underline{x^2}$ $x^9 z^2 z^1$

---

71 ④

두 쪽<u>으로</u> 깨뜨<u>려</u>져도 소<u>리</u>하지 않는 바위가 되<u>리라</u>.

---

72 ①

Listen to the song here in my he<u>a</u>rt

---

73 ②

10059478<u>6</u>28948<u>6</u>24982<u>4</u>9<u>2</u>314867

---

74 ②

一三車軍<u>東</u>海善美參三社會<u>東</u>

---

75 ①

골돌몰볼톨<u>홀</u>솔돌촐롤졸콜홀볼골

---

76 ③

군사<u>기</u>밀 보호조<u>치</u>를 하<u>지</u> 아니한 경우 2년 <u>이</u>하 <u>징</u>역

77 ④

누미디아타가스테아우구스티투스생토귀스탱

78 ②

Ich liebe dich so wie du mich am abend

79 ③

9517462853431987651968 4

80 ①

☆★○●◎◇◆□■△▲▽▼

81 ②

↙↖↗↘↙↘↕↑→←↓↔↓↔

82 ①

쨌꼽낟납낁꿈꿎꿁꿑꿍끈낁

83 ①

ᛗᛘᛩᛊᛉᚾᛒᛦᛯᚼᛰᚱᛏᛘᛩᛉᚾ

84 ③

ㄲㄸㄵㄶㄻㄼㄺㅃㅉㅀㄶㄶㄻㄼㄺ

85 ①

오른쪽에 'ㅓ'가 없다.

---

86 ②

♡♯Ɲρω⊥Ɪㅏαᅟ♯Ɲρ⊥Ɪㅏ

---

87 ①

A = ♤, f = ◙, a = ▷, d = ☆, e = ✘

---

88 ②

C d a B f − ❤ ☆ ▷ ✔ ◙

---

89 ②

c D d a b − ❤ ♧ ☆ ▷ ☛

---

90 ①

7 = ㅂ, 9 = ㅊ, 10 = ㄹ, 8 = ㅅ, 2 = ㅁ

---

91 ②

11 10 13 10 6 − ㄱ ㄹ ㅇ ㄹ ㅋ

---

92 ②

7 2 13 9 11 − ㅂ ㅁ ㅇ ㅊ ㄱ

93 ③

→↑←↓→↓←↑←↓↑→↓←↑↑↓→↓←↑→↓←↑

94 ④

▽△□◇◎○☆※§ ☆◎□△▽○◇§ ※◇☆※§ ▽□◇◎◇○◇▽

95 ③

<u>3</u>2154657890<u>3</u>547194<u>2</u>345678<u>2</u>31<u>3</u>547903<u>3</u>45<u>3</u>

96 ③

<u>4</u>6836<u>5</u>4858756<u>8</u>432657832<u>6</u>432<u>4</u>53<u>4</u>3284326<u>4</u>6263254625<u>4</u>6725

97 ③

I cut it w<u>hi</u>le <u>h</u>andling <u>t</u>h<u>e</u> tools.

98 ①

탈 것이나 짐승의 등 따위에 몸을 얹다.

99 ③

부끄럼이<u>나</u> 노여움 따위의 감정이<u>나</u> 간지럼 따위의 육체적 <u>느</u>낌을 쉽게 <u>느</u>끼다.

100 ③

Wh<u>e</u>n I find mys<u>e</u>lf in tim<u>e</u>s of troubl<u>e</u> Moth<u>e</u>r Mary com<u>e</u>s to m<u>e</u>

상식
용어사전
시리즈

합격GO!

★ 1 금융상식 2주 만에 완성하기

금융은행권, 단기간 공략으로 끝장낸다! 필기 걱정은 이제 NO! <금융상식 2주 만에 완성하기> 한 권으로 시간은 아끼고 학습효율은 높이자!

★ 2 중요한 용어만 한눈에 보는 시사용어사전 1130

매일 접하는 각종 기사와 정보 속에서 현대인이 놓치기 쉬운, 그러나 꼭 알아야 할 최신 시사상식을 쏙쏙 뽑아 이해하기 쉽도록 정리했다!

★ 3 중요한 용어만 한눈에 보는 경제용어사전 961

주요 경제용어는 거의 다 실었다! 경제가 쉬워지는 책, 경제용어사전!

★ 4 중요한 용어만 한눈에 보는 부동산용어사전 1273

부동산에 대한 이해를 높이고 부동산의 개발과 활용, 투자 및 부동산 용어 학습에도 적극적으로 이용할 수 있는 부동산용어사전!

자격증
기출문제
총집합!

자격증 별로 정리된
기출문제로 깔끔하게 합격하자!

기출문제로 자격증 시험 준비하자!

건강운동관리사, 스포츠지도사, 손해사정사, 손해평가사,
농산물품질관리사, 수산물품질관리사, 관광통역안내사, 국내여행안내사, 보세사, 사회조사분석사